Crecer sin envejecer

(o casi)

TAMARA PAZOS

Crecer sin envejecer
(o casi)

Descubre la ciencia
de la longevidad
para combatir
la inflamación y
el deterioro cognitivo

PAIDÓS

1.ª edición, junio de 2025

© Tamara Pazos Cordal, 2025
© de las ilustraciones, Julia Abalde Herrero, 2025
© de todas las ediciones en castellano,
Editorial Planeta, S. A., 2025
Paidós es un sello editorial de Editorial Planeta, S. A.
Avda. Diagonal, 662-664
08034 Barcelona, España
www.paidos.com
www.planetadelibros.com

Diseño y maquetación, Eva Angelina
ISBN: 978-84-493-4407-7
Depósito legal: B. 9.406-2025
Impresión y encuadernación en Gómez Aparicio Grupo Gráfico

Impreso en España – *Printed in Spain*

A las personas que construyen familia
y comunidad para toda la vida

SUMARIO

¿Creces o envejeces?

Para vivir más y mejor hemos de poner a trabajar nuestra fuerza de voluntad, tener hábitos saludables y tirar de disciplina y compromiso para hacer ejercicio, comer bien y buscar rutinas saludables en nuestro día a día.

El conocimiento popular sobre hábitos saludables llega en oleadas que funcionan como tendencias de moda. Años atrás (y con esto no me refiero a 12 mil años, sino a la segunda década del siglo XXI) apareció lo «paleo» y parecía que seguir una llamada «dieta paleolítica» era la clave del bienestar y la longevidad.

Cierto es que en el Paleolítico la especie humana tenía unas rutinas de lo más saludables: actividad física diaria, dieta sin ultraprocesados, alimentación y entorno libre de pesticidas, exposición a la luz solar, periodos de ayuno, exposiciones al frío, etc. Vamos, lo que sería hoy en día una rutina de gurú *healthy* en un retiro *detox* sin redes sociales. Sin embargo, la esperanza de vida media en el Paleolítico superior no pasaba de los 30 años. ¿Será que esta no depende de esos hábitos o, al menos, no exclusivamente? Hoy en día un *gamer* sedentario puede vivir hasta los 80 años —si no aparece antes alguna enfermedad cardiovascular o degenerativa que le haga un *game over* repentino.

Por suerte para nadie, los gurús *healthy* y los *gamers* se mueven en los mismos entornos digitales, de modo que los segundos inician retos de cambio físico para pasarse el juego a base de fuerza de voluntad y disciplina. Se acaban instaurando como héroes nacionales porque nada nos gusta más que ver a una persona ganar un buen resultado con sudor y

sangre; será que somos unos enamorados de la meritocracia hasta para los temas de bienestar y salud. Si alguien se apunta al Club de las 5 (un movimiento que propugna madrugar mucho para ser más productivo) para hacer ejercicio y pasa un calvario restrictivo con el objetivo de llevar una dieta aparentemente sana, aplaudimos su envejecimiento saludable sin cuestionarnos nada, pues hay un profundo sentimiento de justicia en torno a lo mucho que merece esa persona una buena salud. Paradójicamente, lo mismo ocurre con la lotería genética. Esta nos fastidia un poco más, pero asumimos rápidamente que si alguien ha heredado unos buenos genes y una buena salud, será por que lo merece. Como quien hereda un título nobiliario. No cuestionamos ese poder divino que pasa de generación en generación, simplemente asentimos pensando «¡vaya suerte! ¡Qué buenos genes!», signifique eso lo que signifique.

La esencialización (reducir algo a su esencia) y la meritocracia son dos ingredientes que nos ayudan a cocinar nuestras creencias sobre lo que es justo. De entrada, todos queremos ser personas justas, aunque los malabares mentales que hacemos para llegar a ello son para reflexionar. La esencialización nos lleva a creer que las condiciones materiales que experimenta una persona, las cosas que hace o las que le ocurren son inseparables de su ser por unas determinadas características que esta posee. Generamos estereotipos sobre colectivos asumiendo que todo está vinculado a algo biológico como la raza, el sexo o la orientación sexual, y por lo tanto las circunstancias de esa persona están determinadas por su propia condición, por su propia esencia. Esto puede perjudicar o beneficiar, dependiendo de qué lado del estigma estás. En el envejecimiento aceptamos muy bien que alguien está saludable porque «tiene muy buena genética» y, como esa teoría encaja con nuestra esencialización, no profundizamos más ni nos hacemos más preguntas.

Con la meritocracia creo que hacemos un ejercicio un poco más perverso. No solo es que nos parezca justo que una persona esté saludable por ser muy sacrificada, es que nos conviene esa teoría por si en algún momento decidimos sacrificarnos nosotros también. Añadir preguntas podría hacernos sentir vulnerables, porque... ¿y si la fuerza de voluntad no lo es todo? Nos resulta sencillo obviar que ese *gamer* tiene un entrenador personal, un gimnasio en casa o que ha hecho de su fuerza de voluntad un producto comercial para monetizar en redes sociales. Cuando cuidar la salud es parte de tu trabajo y tienes a todo un equipo trabajando en ello, ahí hay algo más que fuerza de voluntad. ¿Te imaginas la película? Levantarte y que toda tu familia o tus compañeros de trabajo funcionen en perfecta sintonía para cuidarte. Tus padres o tus hijos están pendientes de que tengas la ropa limpia para entrenar. Tu compañero de oficina, listo con las zapatillas puestas para llevarte al gimnasio; tu jefa te tiene una comida rica y nutritiva preparada para cuando llegues a casa y tus amigos disponen de tiempo libre para grabar vídeos entrenando contigo o haciendo divertidos retos para subir a TikTok. Una alfombra roja de longevidad sobre la que poner los pies al levantarse cada mañana.

Es justo señalar que la esencialización y la meritocracia no son malas creencias. No cambia nada tener envidia de la genética de los demás y tampoco hace daño la ilusión de que al otro lado de una mitificada fuerza de voluntad está la longevidad soñada. El verdadero perjuicio de estas creencias está en la ignorancia que entrañan y en que inhabilitan los verdaderos motores de las mejoras en salud global: la investigación y las políticas públicas.

Cuando miramos los genes y la fuerza de voluntad no cuestionamos los recursos socioeconómicos de esa persona. ¿Tiene tiempo libre para llevar a cabo hábitos saludables? ¿Comparte la gestión del hogar con otro adulto responsable que la acompañe priorizando la salud? ¿Vive esa persona en una localidad con buenas instalaciones municipales y actividades accesibles? ¿Dispone de un vehículo propio o buen transporte público que le facilite compaginar el trabajo y esos buenos hábitos? ¿Tiene alimentos nutritivos accesibles y a un precio que se pueda permitir?

La investigación científica orientada a la salud es lo que nos ha traído el gran aumento en la esperanza de vida. La biología, la química, la biomedicina, la medicina, la farmacia o la psicología, trabajando al servicio de la mejora de la calidad de vida de las personas, han observado que la longevidad es el resultado de interacciones muy complejas entre la genética, el estilo de vida, el acceso a la sanidad, las condiciones socioeconómicas y otros factores medioambientales.

Cuando ponemos a la fuerza de voluntad como centro de todo estamos insultando a la ciencia y al progreso.

El hecho de que existan leyes sobre cómo acondicionar las viviendas para vivir en ellas sin enfermar es ciencia. El urbanismo, las redes de saneamiento urbano y de transportes colectivos son ciencia. La gestión de residuos y la protección del medioambiente son ciencia. El estudio de la calidad de los productos que utilizamos y consumimos es ciencia. El diseño de protocolos diagnósticos y de prevención de enfermedades también es ciencia.

Hoy sabemos que el 80 % del envejecimiento de una persona está relacionado con lo que le pasa a su ADN y solo un 20 % a la información e instrucciones de funcionamiento de ese material genético. Como si de una partitura de música se tratase, el papel con las instrucciones representa el 20 % del resultado final en el caso del ADN, porque según a qué se exponga esa partitura puede variar mucho cómo escuchemos la canción. Podría haber una mancha de tinta que altere las instrucciones, páginas arrancadas, un intérprete que no ejecuta adecuadamente, un mal acondicionamiento de sonido en la sala o, incluso, interferencias por contaminación acústica. La información del ADN es una sugerencia de uso y, en muchos casos, cuanto más se ajuste nuestra biología a ellas más longevos podremos ser. El problema es ese 80 % que altera cómo la biología toca nuestra partitura, tanto la de nuestro propio metabolismo como la del entorno en el que vivimos. Por lo que sí resulta de interés individual y colectivo prestar atención

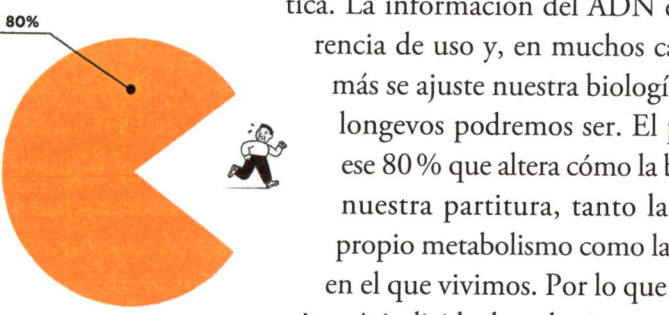

80%

a ese porcentaje de salud que está regido por el entorno que experimenta nuestro ADN.

Elynor Glyn, novelista y guionista británica, dice en su libro *Eterna juventud* (1923) que vive en un mundo tan precipitado y tan urgente que pocas son las personas que dispondrán del tiempo o de la concentración necesarios para aplicar sus consejos rejuvenecedores. Podemos concluir que eso era así hace 100 años y ahora también, si bien *Eterna juventud* no habla de cómo el contexto socioeconómico afecta a la salud y la longevidad de la sociedad británica, sino que es un libro orientado a mujeres alfabetizadas de su tiempo para instruirlas con ejercicios que fortalecen la musculatura facial y preservan una apariencia juvenil.

Los signos visibles de la vejez no nos gustaban en 1900 y tampoco nos gustan ahora, sigue resultándonos desagradable vernos arrugados y canosos. A nosotros y a los demás. Esto puede tener una explicación evolutiva, una de las muchas que explican ese fenómeno de repulsión al envejecimiento del cuerpo.

La especie humana, como muchos otros vertebrados, ha desarrollado mecanismos para evaluar de un vistazo la *fitness* (la traducción literal al castellano sería «aptitud física») de otros individuos de nuestra especie. En biología, este concepto no hace referencia a nada deportivo, sino a la capacidad de adaptación al entorno de un animal para sobrevivir.

En un entorno natural podría ser importante detectar de un vistazo esa capacidad para decidir a quién intentamos depredar, con quién nos queremos reproducir o a quién es mejor no enfrentarse. En caso de enfrentamiento, interpretar que estoy compitiendo por recursos con un individuo mucho más fuerte y sano que yo puede ser vital. Y en el camino de evolución al prejuicio rápido hemos desarrollado ciertos gustos y preferencias por rasgos visibles que nos hablan de la salud de un animal. Son lo que en etología, la disciplina que estudia el comportamiento animal, se llaman señales de honestidad. Se trata de características vinculadas a esa *fitness*. Un ejemplo bastante extendido en los vertebrados es la preferencia por la simetría en los cuerpos. A causa de la llamada bilateralidad —un eje que separa dos lados iguales con un mismo número de extremidades y forma corporal—, desarrollamos una preferencia por los cuerpos que mantienen simetría en ambas partes. Esta teoría evolutiva no se erige sobre la preferencia estética, sino que tiene razones adaptativas.

Si pensamos en las circunstancias que llevan a un animal a perder la simetría corporal, suelen estar todas relacionadas con un deterioro físico que dificulta la supervivencia: una cicatriz, una extremidad amputada, un parásito, una reacción en la piel, una calva en el plumaje… Ello hace que el animal tenga más dificultades para sobrevivir, lo cual lo hace menos atractivo para formar parte de un grupo o para reproducirse con él. Cuantos más años vive un animal, más oportunidades tiene de ir adquiriendo pequeñas o grandes asimetrías. En el caso de nuestra especie pueden ser manchas solares, pecas, cicatrices o incluso arrugas, que no salen de forma simétrica. Así, la asimetría en los cuerpos también se asocia a individuos más longevos.

Existen otros rasgos físicos que nos hablan de la salud de un animal. En lo que respecta a la reproducción, la salud se asocia con la edad. No ocurre en todas las especies, pero, al menos en la humana, hay unas edades más óptimas que otras para reproducirnos y eso es algo que, sobre todo en las mujeres, ha condicionado mucho las características de lo que consideramos un cuerpo bello.

Muchas culturas han relegado el valor de las mujeres en la sociedad a su capacidad reproductiva, o al menos eso se ha destacado en los libros de historia. Si avanzamos del Paleolítico al Neolítico, observaremos que es entonces cuando aparece la figura del abuelo (o, más bien, de la abuela).

Cuando nuestra especie inicia los primeros asentamientos humanos lo hace gracias a los conocimientos acumulados sobre cómo cazar, domesticar animales, cultivar la tierra, conservar la comida o construir refugios. Estos se atesoran y se transfieren gracias a la supervivencia de personas que, a pesar de no contribuir ya a las comunidades con nueva descendencia, lo hacen transfiriéndolos de forma oral las nuevas generaciones.

El papel de la mujer en las sociedades humanas ha trascendido y trasciende más allá de la función reproductiva, pero ni en 2025 nos libramos de ser valoradas por ello. Continuamos admirando a un hombre entrado en años y sus canas no nos molestan, resultan incluso atractivas porque son símbolo de madurez y acumulación de riquezas, mientras que las canas de las mujeres significan que se les ha «pasado el arroz» y no tienen nada que ofrecer. Es por esto que libros como el de Elynor Glyn, doscientas páginas de lectura para sentar a las mujeres a diario a hacer muecas faciales frente a un espejo, han tenido tanto éxito.

Personalmente no condeno la vanidad, ni en mujeres ni en hombres. No me preocupa que una persona quiera verse joven ni las estrategias que elija para que eso se haga realidad, aunque impliquen parecer Jim Carrey frente al espejo durante 140 minutos a la semana o pasar por el quirófano. Con todo, me agota escuchar a divulgadores e *influencers* en redes sociales diciendo que no deberíamos querer un cuerpo bonito sino un cuerpo sano. Seguimos siendo una especie social y vamos a darle valor a lo que se lo den el resto de las personas. Aquello que creamos que va a mejorar nuestra *fitness* y nos va a cubrir necesidades como aprobación, amor, respeto, trabajo y otros recursos va a ser lo que intentaremos alinear con nuestras creencias para llevarlo a cabo. Repito, pues, que no me parece condenable ni una cuestión moral que una persona quiera verse bien y gustar al resto. Pero sí me preocupan los condicionantes externos que nos restan libertad a la hora de decidir qué es lo adecuado para nosotros y cómo queremos conseguirlo. A mi modo de ver, tiene mucho más sentido divulgar sobre el contexto y sobre cómo este nos puede condicionar a la hora de tomar decisiones sobre nuestro cuerpo y nuestra salud, que presionar a la gente para que quiera lo que no quiere y le guste lo que no le gusta.

Si no te gustan tus arrugas te entiendo, te respeto y lo comparto. Si te gustaba más tu cuerpo con 20 años, ahí me tienes con la mano en tu hombro, caminamos juntos y eso no creo que esté mal. Pero sí me surge el espíritu de crítica cuando veo programas de televisión o *realities* orientados a gente de 20 años patrocinados por clínicas de cirugía plástica. Programas como *La isla de las tentaciones*, protagonizados por personas en su veintena que si todavía no tienen intervenciones estéticas hechas, salen del mismo directas al quirófano. Las operan «gratis» a cambio de promoción en redes para esas clínicas. Se cambian la cara y el cuerpo con atributos nuevos innecesarios, y mucho menos a esa edad. A este paso, ¿qué cuerpo van a echar de menos las personas de 20 años? ¿El que tenían a los diez? Hasta ahora la cirugía plástica era cosa de viejos (o más bien de viejas), pero ya estamos previniendo el envejecimiento a los veinte. Antes parecía que el mero hecho de que una persona famosa tuviese exposición pública podía ser el detonante de encontrarse defectos y comparativas con otras personas del mismo sector operadas, empujándolas a cumplir estándares de belleza que todos sentíamos inalcanzables. Sin embargo, en programas como el antes mencionado, de Telecinco, o *Too Hot to Handle*, de Netflix, llama la atención cómo todas las concursantes entran ya operadas: pechos, labios, pómulos, liposucciones… Y sin embargo, el arma arrojadiza que usan para insultarse las unas a las otras es «lo natural»: si alguna tiene unos pechos, labios o figura que es bonita sin intervención estética se posiciona por encima. Vuelve al ataque la esencialización de «los buenos genes».

El ranking para catalogar la valía de las personas según sus atributos establece que obtendrás el primer puesto si esos atributos te los ha dado tu ADN y el segundo, si te los ha dado un profesional de la cirugía plástica; en todo caso, el peor lugar es no tener un buen atributo físico, ni natural ni artificial.

En este escenario se me hace muy complicado escribir sobre el envejecimiento sin que sea una cuestión frívola o estética. Sin que este texto caiga en manos de las personas que están poniéndose bótox con 20 años o aspirantes a millonarios que quieren rejuvenecer a toda costa con cualquier tratamiento, suplemento o cámara hiperbárica que se les ofrezca por el camino. Siempre defenderé la vanidad. Querer verse bien y que nos guste lo que vemos. Pero la valoración sobre lo que vemos depende tanto del contexto cultural que me resulta imposible trazar una línea en la que posicionar un grado de preocupación saludable y razonable sobre el envejecimiento.

Independientemente de la cuestión estética, el envejecimiento está asociado al paso de los años y a que nos queda menos tiempo en este mundo. Cuando nos hacemos mayores no deja de importarnos lo que los demás piensen de nosotros, pues la aceptación en sociedad y sentirnos integrados en el grupo es algo que ha desarrollado intensamente nuestra especie a lo largo de la evolución, más allá de simplemente resultar atractivo a los demás.

Está claro que la cooperación y la vida en sociedad son fundamentales para nuestra supervivencia y bienestar. Y que dependiendo de la cultura, la visión que se tiene sobre la vejez varía; lo integradas que están las personas mayores en una sociedad depende del estatus que le otorgamos a estas. En este libro veremos cómo la salud y el envejecimiento se ven muy afectados por las creencias colectivas que tenemos sobre todo esto.

Además de profundizar en la biología del envejecimiento y la ciencia que estudia cómo alargar nuestra vida y mejorar nuestro bienestar, necesitamos entender ese 80 % de contexto que interactúa con nosotros, pero el camino de este libro no se va a quedar ahí.

¿De qué nos vale entender la biología de nuestro cuerpo y cómo interacciona con el entorno si no hay un motor social para poner esas mejoras a disposición de todos? Soy la primera que se apasiona entendiendo nuestro metabolismo, lo que ocurre en nuestro cuerpo y cómo nuestros hábitos y el medio pueden mejorar nuestra salud y calidad de vida. Pero la ciencia no termina ahí. Cada vez son más las investigaciones y publicaciones científicas que contemplan la interacción de las cuestiones socioeconómicas y demográficas sobre la salud, y este libro va de eso. Vamos a entender la ciencia del envejecimiento, los factores que lo aceleran o retrasan y qué podemos mejorar desde un punto de vista colectivo para repercutir favorablemente en la salud individual de todas las personas.

Esta introducción no puede terminar sin reflexionar sobre el término «envejecimiento». Habrás observado que el título de este libro connota la palabra negativamente, que presento el envejecimiento como algo que hay que evitar y lo opongo al concepto de crecer como algo deseable. No me escondo, lo he hecho de forma intencionada. En biología hablamos de envejecimiento cuando un mecanismo celular empieza a deteriorarse, y se define como un proceso gradual e irreversible. Un proceso fisiopatológico que implica el empeoramiento en el funcionamiento de las células y de los tejidos, aumentando significativamente el riesgo de enfermedades como las neurodegenerativas, cardiovasculares, metabólicas, musculoesqueléticas y del sistema inmune. Gracias a la investigación en longevidad estamos más cerca de eliminar los procesos degenerativos y el declive en el funcionamiento de nuestras células, órganos y tejidos. Eliminando estos factores, nos queda un ciclo vital en el que crecemos sin envejecer. Esto no significa que no tengamos cuerpos que nos gusten menos —eso ya lo trabajaremos con madurez y terapia colectiva—, pero sí que podemos evitar los procesos fisiológicos vinculados a enfermedades y al deterioro de la calidad de vida sujetos al paso de los años por nuestras células.

Puede que en este campo de investigación se avance incluso hacia conseguir la inmortalidad. Pero antes de reflexionar sobre ello vamos a ver qué es lo que podemos hacer hoy en día para conseguir una sociedad longeva y sana.

PRIMERA PARTE

Microenvejecimiento

Entender los mecanismos del envejecimiento implica ir de menos a más, del más diminuto e imperceptible cambio en nuestro cuerpo, sujeto al paso del tiempo, a la acumulación de esos cambios expresada en forma de declive en nuestra vitalidad.

No envejecemos de la noche a la mañana, aunque a veces sintamos que sí. No son pocos los memes que inundan las redes sociales con frases como «un día eres joven y al otro tienes una bolsa llena de bolsas» o «un día eres joven y al otro vas por la casa apagando las luces». La percepción del paso del tiempo para nosotros es subjetiva, pero la acumulación de pequeñas marcas de envejecimiento se almacena día a día. Ocurre a nivel molecular, imperceptible y silencioso.

Los primeros pasos del envejecimiento son microscópicos y por eso he titulado esta primera parte «Microenvejecimiento». Aquí vamos a repasar todo lo que ocurre a nivel celular, que no vemos y que supone el cimiento de nuestro ritmo de envejecimiento, el cual podemos estudiar a nivel cronológico o a nivel biológico.

En las investigaciones científicas sobre el paso de los años en nuestro cuerpo, cada vez se oponen más los conceptos de edad cronológica frente a edad biológica. Esto no nos resulta ajeno en la práctica, ya que solo tenemos que fijarnos en cómo han pasado los años por nuestros compañeros del colegio para ver que 30, 50 o 70 años no tienen la misma apariencia en todas las personas. Sin embargo, independientemente del ritmo, todos vamos acumulando poco a poco los efectos de la edad, lo que significa que a su manera ambos relojes, el cronológico y el biológico, van hacia delante. Entonces, ¿por qué estas diferencias? ¿Estaba escrito ya en tu infancia que tu compañero de pupitre iba a envejecer más lento que tú? ¿Han sido sus maravillosos genes o tus malos hábitos lo que os ha llevado a aparentar 10 años de diferencia? Esta reflexión nos lleva a un dilema que se presenta en la investigación sobre el envejecimiento: ¿está programado en nuestras células o no? ¿Tenemos el destino grabado en nuestro ADN?

De reflexión en reflexión, avanzamos hasta otro dilema muy anterior al del envejecimiento programado perteneciente a la ciencia primigenia, la filosofía. La teoría del libre albedrío postula que las personas tenemos el poder de elegir y tomar nuestras propias decisiones, mientras que la doctrina filosófica determinista sostiene que todo acontecimiento físico, incluso el pensamiento y las acciones humanas, está causado y determinado por la irrompible cadena causa-consecuencia y, por lo tanto, el estado actual «determina» en algún sentido el futuro.

Cuando avancemos en materia retomaremos más en profundidad este dilema sobre el libre albedrío hasta que logre convertiros, como lo soy yo, en deterministas. Mientras tanto, continuaré con la teoría, de 1988, de Giacinto Libertini. Este fue el primer determinista en investigar sobre el envejecimiento programado.

Incluso con ese apellido, Libertini propone que el envejecimiento programado está relacionado con factores como el acortamiento de los telómeros, el funcionamiento de las mitocondrias y las especies reactivas de oxígeno en nuestro entorno celular. Ahora no sabes qué son estas tres cosas, pero al final de este apartado podrás darle la razón, o no, a Libertini. Los contrarios a su visión sostienen que el envejecimiento no depende de lo largos o cortos que tengamos los telómeros, ni de ningún tipo de envejecimiento celular al que estemos sentenciados, sino a cómo interactúa nuestra composición corporal con los agentes del entorno.

Por el momento, lo más prudente es conciliar ambas posturas. Veremos cómo el entorno condiciona nuestro envejecimiento, y eso explica por qué en una misma especie unas personas viven 80 años y otras 120, o por qué tu compañero parece más joven que tú. Sin embargo, si nos comparamos con otras especies animales, vemos que a pesar de estar compuestos por la misma materia orgánica —que podría deteriorarse a un mismo ritmo— sabemos que la esperanza de vida de algunas moscas es de un día mientras que la de ciertas ballenas supera los 200 años. Esta diferencia es lo suficientemente dramática como para intuir que debe de haber algún tipo de marca o instrucción en el genoma de las especies que determine (más o menos) cuánto pueden llegar a vivir.

CAPÍTULO 1

La estructura de un ser vivo

El genoma es el conjunto completo de material genético que tiene un organismo. Ese material contiene toda la información en forma de instrucciones necesaria para que un individuo pueda crecer y desarrollarse, y lo llamamos ADN. Voy a citarme a mí misma en mi primer libro (*La biología aprieta pero no ahoga*, Paidós, 2022), donde dije que una de mis metas como bióloga es hacer entender a la gente que los seres vivos no somos más que casas para nuestro ADN. De hecho, mi mente siempre aprovecha la propia estructura del ADN, dos hebras que podrían ser hilos a nuestra vista conformando una estructura helicoidal, para imaginarse un ser animado calentándose a sí mismo con sus propios hilos, un hogar. Así funciona el ADN: interactúa con su entorno para que pequeñas estructuras de su alrededor lean sus instrucciones y vayan poco a poco reclutando materia orgánica y construyendo las estructuras que dan lugar a un ser vivo, una unidad viva capaz de alimentarse, reproducirse y relacionarse con el entorno.

El conjunto de normas del ADN funciona de forma similar al código morse, según el cual dos puntos se traducen en una I, un punto y raya, en una A y una sola raya, en una T. El ADN tiene, en lugar de puntos y rayas, bases nitrogenadas —la adenina, la citosina, la guanina y la timina—, que según el orden y la agrupación que presenten, recogen una u otra instrucción, las cuales, en vez de traducirse en letras, se traducen en proteínas. El trabajo coordinado de estas proteínas guiadas por el material genético lleva a la construcción de una célula con su membrana celular, un núcleo que contiene el ADN y un montón de orgánulos celulares que ayudan a la célula a cumplir su ciclo vital, en el que ha de cumplir las tres funciones vitales básicas para que consideremos que un organismo es un ser vivo.

La primera función es alimentarse. Las células eucariotas, sobre las que hablaremos a lo largo de este libro, son aquellas que tienen un núcleo que empaqueta la información del ADN, a través del cual pueden entrar y salir proteínas que envían y reciben mensajes del exterior una vez atraviesan también la membrana celular. Esos mensajes son señales que informan de estímulos como la temperatura o variaciones en la composición química del entorno, y estimulan respuestas como la de incorporar nuevos nutrientes al interior celular. Esa conexión con el exterior es la función de relación, y si las señales son las oportunas, la célula recibirá un estímulo indicando que es un buen momento para duplicarse y reproducirse. Ese es uno de los objetivos principales del ADN, replicarse y sobrevivir. Hacer que sus instrucciones prosperen en nuevos envases, nuevas casas, nuevas generaciones.

En el caso de los organismos unicelulares, constituidos por una sola célula, la reproducción consiste en clonarse. La célula hace una copia de sí misma, empezando por su ADN, y una vez tiene su material genético duplicado lo divide en dos para dar lugar a dos células idénticas. Es decir, de una célula obtenemos dos células hijas que son organismos separados pero genéticamente idénticos. Si un organismo unicelular pudiese decidir, posiblemente conquistaría la tierra replicándose sin parar. De hecho, ese comportamiento colonizador es el que observamos en nuestros huéspedes más temidos y amados, nuestra microbiota.

Los microorganismos que viven en nuestro cuerpo son organismos unicelulares que tienen comportamientos colonizadores, detenidos precisamente por la convivencia con otros microorganismos con los que compiten por recursos, limitando su crecimiento. De hecho, las famosas disbiosis (alteraciones en la microbiota) se dan cuando alguna circunstancia elimina a la competición y hay un microorganismo que prolifera de forma descontrolada, causando distorsiones en nuestra salud generalmente desagradables.

Un cuerpo humano promedio de unos 70 kilogramos de peso tiene unas 37 mil millones de células humanas frente a aproximadamente 100 mil millones de microorganismos como bacterias u hongos, constituyendo cada uno de ellos un ser vivo. Pero si ya consideramos a la célula un ser vivo, ¿por qué nosotros necesitamos 37 mil millones de para ser uno? ¿Por qué no somos una única célula gigante? Son múltiples las explicaciones basadas en la física y la fisiología sobre por qué esto no es posible, pero resumamos en que una célula tan grande como nosotros colapsaría y no sería eficiente. Si nos imaginamos como una única célula y ponemos el núcleo celular en la posición de nuestra vejiga, por ejemplo, una señal que llegase desde nuestra cabeza tardaría demasiado en llegar al núcleo como para poder responder y relacionarse con el entorno de forma adaptativa. Sin embargo, en algún punto de la evolución sí que resultó adaptativo que varias células permanecieran sirviendo a un interés conjunto, apareciendo así los organismos pluricelulares.

La mayoría de las células dentro de un organismo pluricelular se reproducen de la misma forma que un organismo unicelular, duplicando su ADN y empaquetándolo en dos células hijas nuevas que forman parte de un mismo organismo. Esto requiere una organización que funciona en sistemas escalados de ADN dentro de orgánulos, orgánulos dentro de células, células en tejidos, tejidos en órganos y órganos que constituyen sistemas que colaboran entre sí. Un organismo tiene complejos sistemas de comunicación para coordinar el trabajo de todas las células, independientemente de donde estén. Pero esas pequeñas células funcionan de forma muy rápida en su relación con las otras.

Lo bueno de los organismos pluricelulares y de estos niveles de organización es la especialización de las células. Cada una se dedica en exclusiva a un trabajo, por lo que tiene estructuras únicas con respecto al resto de las células del cuerpo para poder hacer su función de la forma más eficiente. En el caso de los organismos pluricelulares, el crecimiento celular está orquestado tanto a nivel individual como colectivo con el resto de las células del tejido. Este sistema tan complejo resulta el único viable para dichos organismos.

Es importante no confundir «complejo» con «evolucionado». A veces tendemos a decir que especies con cuerpos que requieren más niveles de funcionamiento y más estructuras son más evolucionadas. Sin embargo, la evolución nos ha traído a todas las especies actuales hasta el tiempo presente, de modo que estamos igual de evolucionadas con diferencias en la complejidad de funcionamiento.

CAPÍTULO 2

Instrucciones para envejecer

Hasta aquí la vida de las células parece coser y cantar o, más bien, calcetar y replicarse. No obstante, somos conocedores de que la vida tiene su fin y esto conlleva un proceso de declive y envejecimiento. Lo vemos a diario en nuestros seres queridos y en las noticias, las personas sufren un deterioro en la salud con el paso de los años. Y como ya hemos visto, las personas somos células, así que vamos a ver cómo ocurre esto a nivel celular. ¿Cómo envejecen las células?

Cuando empecé a estudiar Biología y a aprender todos estos conceptos no entendía por qué una célula muere. Si lo único que hacen es replicar su ADN y darle otra casa nueva, ¿por qué no cambian su casa? La respuesta a esta pregunta fue sorprendente, porque resulta que sí la cambian.

A lo largo de la vida de una célula, esta va sustituyendo los ladrillos que la componen por otros nuevos. Cada vez que incorpora una vesícula celular del exterior (un paquetito de sustancias que entran en la célula), los componentes de la membrana de la vesícula se integran con los de la membrana de la célula, y lo mismo al revés, cada vez que una célula expulsa contenido al exterior lo hace con vesículas que genera con su propia membrana.

Los elementos estructurales de las células se están reemplazando constantemente y aun así esto no es suficiente para que no se mueran. Lo peor de todo es que cuando mueren, estos ladrillos son reutilizados por otras células o convertidos en energía para alimento. Nada de esto tiene sentido. ¿Por qué no valía esa estructura para el funcionamiento celular si estaba constantemente en mantenimiento? La respuesta la encontramos en gran medida en el determinismo, en el envejecimiento programado en el ADN celular y en la interacción de este con el ambiente. Realmente, a pesar de que la célula hace todo lo posible por mantenerse cooperativa con el entorno y cumple su función, el hecho de replicarse dando lugar a más células hijas es lo que condiciona la esperanza de vida de la célula y, en consecuencia, de los organismos que la constituyen.

Cada vez que una célula duplica su ADN está compartiendo unas partes indispensables de este con su célula hija, los telómeros, y esto tiene consecuencias irreversibles en la longevidad del organismo al que pertenecen ambas células.

Las cadenas de ADN de las células se condensan y empaquetan en forma de cromosomas. Estos tienen en sus extremos regiones de secuencias repetitivas de ADN que podríamos decir que no valen para nada. Es como si al terminar la cadena alguien hubiese puesto a un gato en el teclado de los nucleótidos a escribir instrucciones sin sentido que constituyen los telómeros. Aunque no tengan sentido para traducirse en proteínas, los telómeros tienen una función muy importante, proteger el ADN que sí tiene funciones y traducción en proteínas.

Cuando las hebras de ADN se duplican para repartirse en dos nuevas células lo hacen gracias a estructuras proteicas que van leyendo el código y construyendo una hebra idéntica. Estas proteínas no son muy buenas haciendo el trabajo hasta el final, por lo que suelen parar de copiar antes de que terminen las hebras haciendo siempre una versión un poco más corta que la anterior.

Si no existiesen los telómeros, cada vez que una célula se dividiese en dos perderíamos información muy importante que haría que la célula no funcionase o muriese. Gracias a los telómeros, esas proteínas trabajan un poco más completando la copia de la parte necesaria del ADN y copiando un extra de esas tonterías puestas en los telómeros por el felino antes citado. Los telómeros son los guardianes de la información genética y están ahí para asegurar que nada se pierda. Sin embargo, cada vez que se hace una copia, como esas proteínas no copian todo lo que tienen por delante, se dejan parte de las tonterías del telómero por copiar. Esto no tiene impacto en la vida de la célula; no obstante, cuando esta se reproduzca tendrá un telómero más corto, y así sucesivamente hasta que el telómero se agote y en las replicaciones celulares sí se pierda material genético imprescindible para el funcionamiento celular.

Las investigaciones de las últimas décadas apuntan a los telómeros como unas de las estructuras más determinantes en la longevidad de una célula o de un organismo. De hecho, no todas las personas nacemos con telómeros del mismo tamaño.

Las personas que han heredado un material genético con unos telómeros muy extensos tendrán más capacidad de crecer dividiendo sus células sin impacto en su funcionamiento que aquellas personas que han heredado unos telómeros más cortos. Aquí encontramos un gran limitador en la cantidad de años que puede vivir una persona y que está escrito desde el momento en el que nacemos. Esto ocurre a través de la reproducción sexual. Aunque las células de nuestro cuerpo se dupliquen haciendo un clon como lo haría un organismo unicelular para reproducirse, nosotros como organismo tenemos la reproducción sexual, en la que una célula de un individuo —espermatozoide— se fusiona con una célula de otro individuo —ovocito— y combinan su material genético para dar lugar a un nuevo ser vivo, en origen unicelular, con un material genético único. En ese punto el material genético a partir del cual surgirán todas nuestras células está ahí y el tamaño inicial de nuestros telómeros también, por lo que podríamos decir que la suerte está echada. Podríamos calcular incluso para cuántas divisiones podrían llegar esos telómeros y establecer que la duración de nuestras vidas está determinada en el nacimiento. A pesar de eso, en el momento en el que se fusiona un espermatozoide y un ovocito, ¿se sabe a qué velocidad se van a reproducir esas células? Puede que sepamos el número de células que potencialmente podrá replicar, pero no es lo mismo una vida demandante en la que un organismo consume mucha energía (quemándola o no) y estimula mucha replicación celular, que la de un organismo que tenga un ritmo moderado.

Si prestamos atención solo a los telómeros, no podemos establecer cuándo va a morir un organismo o una persona, necesitamos más información, por lo menos sobre cómo va a vivir. Como dije en la introducción, el 20 % del envejecimiento está marcado por ese ADN heredado, el resto está por descubrirse.

CAPÍTULO 3

Errores en la replicación celular: mutaciones

La primera célula que nos constituye tiene el potencial de desarrollar todo un organismo. La llamamos cigoto y se considera un tipo de célula totipotente, lo que significa que tiene la capacidad de replicarse y dar lugar a cualquier línea celular de un organismo.

Nuestro cuerpo tiene distintos tipos de células especializadas en diferentes funciones: células que constituyen el cerebro, el hueso, los ojos, la piel, los músculos, etc. Los cigotos son células con propiedades en su ADN y estructura que contienen información para dar lugar a cualquier tipo de célula corporal. A partir de ahí, durante el desarrollo embrionario tiene lugar un proceso de diferenciación en el que las células van poco a poco especializándose y perdiendo la capacidad de ser cualquier otra célula. Esto ocurre gracias a las marcas que se ponen en el ADN cuando se duplica, que bloquean regiones para que esa célula y sus futuras células hijas no pasen a ejercer funciones que no les tocan.

Imagínate que tienes una célula muscular que se duplica en dos y una de ellas, en lugar de ser una célula muscular, empieza a expresar instrucciones de su ADN para ser hueso. No daría buen resultado. Las regiones bloqueadas se llaman metilaciones y son claves para un buen funcionamiento de los tejidos del cuerpo.

Hoy en día la ciencia ha conseguido modificar las metilaciones del ADN en el laboratorio, aislando células, quitando esas metilaciones y devolviéndoles un estado similar al de una célula madre capaz de dar lugar a otras células diferentes. Sin embargo, en la naturaleza de la mayoría de nuestras células diferenciadas sí están estas metilaciones como contención. Pero estas no lo pueden todo.

El bienestar de nuestras células y el de sus hijas tiene muchas amenazas. La primera es la propia extensión del ADN; es mucho el material genético que albergan nuestras células. Es tan diminuto que obviamente no podemos verlo, pero si juntáramos todas las instrucciones de las células de nuestro cuerpo y las pusiéramos en línea recta, podríamos ir y volver a la luna no una, sino ocho veces. Personalmente no soy capaz de imaginar esa distancia, pero sé que es mucha, demasiada como para que nuestras células estén replicándose a diario, copiando una y otra vez esas hebras de ADN sin que esas copias contengan errores. Da igual lo bueno que sea el sistema, por estadística es prácticamente imposible que esas proteínas que copian las bases nitrogenadas no se equivoquen en algún momento.

Nuestras sospechas son acertadas, el ADN sufre muchas modificaciones diarias cuando se replica y son en su mayoría azarosas. Con esto me refiero a que carecen de una intención o propósito. A pesar de que en este texto esté incluyendo la palabra «determinismo» por aquí y por allá, no estoy dando a entender que exista un diseño inteligente de cómo han de funcionar o envejecer.

Hasta donde corresponde hablar a la ciencia, se observa que las mutaciones son errores en la replicación del ADN totalmente azarosos, de modo que el resultado de estas es, de entrada, imprevisible. Cuando una mutación tiene lugar no hay manera de saber si va a tener un resultado positivo o negativo para el ser vivo. La evolución de los seres vivos ha operado en base a ello. A veces una alteración en el ADN da lugar a una nueva instrucción que da lugar a una ventaja adaptativa.

Imagínate que alteras la información que codifica la cantidad de alimento que necesitas al día para poder reproducirte, disminuyéndolo. Claramente vas a tener una ventaja frente al resto de las células, ya que con menos esfuerzo y alimento podrás reproducirte y tu descendencia se constituirá copiando tu ADN, mutación incluida, por lo que heredará esa adaptación favorable. Por el contrario, la mutación podría hacer que la propia célula no pueda funcionar o reproducirse, o que necesite todavía más alimento para hacerlo, provocando que sea poco competitiva en su entorno y que el resto de las células se acaben el alimento y se reproduzcan antes de que a ella le dé tiempo. La clave de este concepto es entender que una vez que una mutación tiene lugar, esta se queda en el ADN y se transmite a las células hijas. Cuando estas se reproducen duplican esa mutación, y la dan a su vez a sus células hijas, y así será a lo largo de esa línea de reproducción celular. Y la historia no termina ahí: cada vez que esas células se replican pueden experimentar nuevos errores en las copias, nuevas mutaciones que también se heredan. Esto, sumado al acortamiento de los telómeros, hace que, cada vez que nuestras células se replican, se acelere la velocidad a la que envejecemos.

Las mutaciones aceleran el envejecimiento porque la mayoría de ellas son pequeñas variaciones, casi imperceptibles, que no condicionan la supervivencia celular pero que poco a poco van alterando el funcionamiento celular.

Con la replicación celular no solo se cometen errores a la hora de copiar el ADN, sino que a veces se pierden trozos de información. De hecho, algunos investigadores hablan del envejecimiento como de una pérdida de información. Y realmente es así, ya que cada vez que se alteran o se dejan en el camino instrucciones de ese ADN desde el material genético original, estamos perdiendo la información del individuo, lo que lleva a un deterioro en el funcionamiento celular.

CAPÍTULO 4

Las señas de identidad del envejecimiento

Como ya hemos visto, el ADN se daña miles de veces al día y, a pesar de los mecanismos de reparación en la replicación, muchos de los errores se mantienen, dando lugar a unos 10^{18} errores diarios en la replicación de las células de nuestro cuerpo. Esto da lugar a un proceso gradual e irreversible conocido como envejecimiento. El funcionamiento celular y el de nuestros tejidos va empeorando, además de perder poco a poco el potencial regenerativo de esos mecanismos de reparación y corrección de errores.

El deterioro celular ha sido estudiado por miles de científicos y científicas en el mundo, que en la última década han llegado a un consenso sobre qué ingredientes influyen en el envejecimiento. Estos se han condensado en los denominados «*hallmarks* del envejecimiento» o, traducido al castellano, las señas de identidad del envejecimiento.

Según la revisión, se estipulan diez o doce de estas señas. Se trata de procesos celulares complejos que requieren de nociones avanzadas en genética y bioquímica para entender a fondo cómo funcionan. Sin embargo, podemos resumirlos empezando por quedarnos con diez en lugar de doce y dando unas pinceladas sobre cómo afectan estos factores al envejecimiento.

El listado de señas de identidad del envejecimiento es el siguiente:

- Inestabilidad del genoma.
- Disfunción de los telómeros.
- Disfunción mitocondrial.
- Desregulación en la sensibilidad a los nutrientes.
- Alteraciones en la comunicación intercelular.
- Pérdida de proteostasis.
- Agotamiento de las células madre.
- Alteraciones epigenéticas.
- Autofagia comprometida.
- Senescencia celular.

De las primeras señas de envejecimiento ya hemos hablado al referirnos a cómo la extensión de los telómeros y su progresivo acortamiento condicionan la capacidad de replicación de una célula. Por otro lado, el hecho de que el propio genoma, la información genética, contenga errores a la hora de replicarse, aporta una inestabilidad que da lugar a la pérdida de información característica del envejecimiento.

Las mitocondrias son una parte importantísima de las células. Son orgánulos en los cuales tiene lugar el suministro de la mayor parte de la energía que llega a la célula. Podría decirse que son los pulmones celulares, ya que llevan a cabo lo que se llama respiración celular. Se trata de estructuras tan importantes que tienen su propio material genético para regir y preservar el buen funcionamiento mitocondrial. Es por eso que también son vulnerables a sufrir deterioro en su función a medida que las células se van replicando y, si la célula no respira bien y no obtiene energía suficiente, sabemos que eso va a estar directamente vinculado a un declive.

El aporte de nutrientes al interior celular es vital para un buen funcionamiento. Acabamos de mencionar la parte clave de la mitocondria como pulmón celular, pero la comunicación de la célula con el exterior para detectar y captar nutrientes también es fundamental. Es por eso que cuando se alteran los mecanismos de comunicación intercelular —en los que las células vecinas regulan en conjunto las posibles demandas de función del órgano en cuestión—, y los mecanismos de detección de nutrientes reciben las señales a la hora de captar o no los recursos del entorno, o incluso se comunican con orgánulos celulares para dictar cómo actuar ante la falta de recursos, la célula pierde partes vitales, como su función de relación con el medio.

La proteostasis parece un concepto muy complejo y ciertamente se trata de una engorrosa red de vías esenciales para la función y la viabilidad de una célula, pues se encargan de regular la concentración, las ubicaciones y cómo interactúan las proteínas de la misma.

Las proteínas son las piezas fundamentales para leer, duplicar y dividir el ADN en la reproducción de la célula. También son clave en el transporte de señales y mensajes del exterior celular al ADN, además de indispensables en las mitocondrias para la respiración. Así, no resulta sorprendente que la pérdida de esta regulación —la pérdida de proteostasis— sea una de las marcas clave en las señas de identidad del envejecimiento.

Por suerte, nuestro cuerpo cuenta con una reserva de células madre que conservan esa capacidad multipotente de diferenciarse en otras células del organismo. Lo positivo de esas células madre es que conservan la estructura de ADN original, sin las metilaciones ni los múltiples errores que contienen las células diferenciadas del resto de los tejidos. Por desgracia, esta reserva de células madre es limitada y una vez que se agota perdemos la capacidad de establecer nuevas líneas de crecimiento celular libres de errores acumulados y declive.

Antes de profundizar en el resto de los *hallmarks* del envejecimiento debemos subrayar que estos tienen tres premisas en común:

- Se manifiestan con el paso de los años.
- Si se acentúan de forma experimental, aceleran el envejecimiento.
- Existe la oportunidad de desacelerar o revertir el envejecimiento con intervenciones terapéuticas sobre ellos. La

experimentación ha llegado a un punto de desarrollo en el que es posible en un laboratorio, *in vivo* o *in vitro*, interferir sobre uno de estos factores y acelerar el reloj biológico de un individuo. Por el contrario, podríamos aplicar terapias a esos *hallmarks* con capacidad de frenar o incluso revertir el declive en función celular.

No todos los factores que influyen sobre el envejecimiento tienen el mismo peso a la hora de condicionar cómo pasan los años por nuestro cuerpo. Para el final de la lista he dejado aquellos que tienen más impacto en el envejecimiento y en la salud: la autofagia, la senescencia celular y la epigenética. De hecho, el que más relevancia tiene sin lugar a duda sobre el envejecimiento, y que representa ese 80 % de lo que no está en nuestras instrucciones sino en la interacción de estas con el entorno, son las alteraciones epigenéticas.

CAPÍTULO 5

Epigenética, más allá de la replicación del ADN

La palabra «epigenética» empieza con el prefijo griego *epi* y significa «por encima del genoma». Se refiere a un mecanismo reversible de regular la función del genoma sin alterar la información base del ADN, a la forma en la que el genotipo y el fenotipo se vinculan. Es decir, la epigenética opera haciendo que se expresen unas partes de tu ADN y no otras. Tenemos mucho material genético, pero no todo se expresa, por eso las características del genotipo, que son como la partitura de la canción del ADN, y las características del fenotipo, que sería el resultado final y la música que escuchamos, son diferentes.

El ADN de una persona es heredado a través de la reproducción sexual de otras dos personas. Cada una pone el 50 % de su material genético, sin embargo son muchos los ejemplos de fenotipos —los resultados de la expresión de ese material genético— que se parecen mucho más a uno de los progenitores que al otro. Eso significa que, por encima de las instrucciones que trae nuestro ADN, algunos sistemas operan condicionando qué regiones se expresan y cuáles no de nuestro genoma, constituyendo así nuestro epigenoma.

Como ocurre con el resto del ADN, las particularidades que se establecen en nuestro epigenoma, aunque son reversibles, pueden heredarse de células madre a células hijas. Muchos de los cambios y daños celulares que hemos estado revisando hasta ahora forman parte de alteraciones epigenéticas ocasionadas por la relación del material genético con los estímulos del entorno, pues este juega un papel fundamental en la epigenética, y el envejecimiento está regulado en gran medida por esta interacción.

De todos los *hallmarks* del envejecimiento podemos quedarnos con la noción de que lo más determinante, más incluso que el ADN que traemos de serie, es el epigenoma. Este regula y controla los genes que se activan y desactivan, y el 80 % del envejecimiento está regido por este sistema.

CAPÍTULO 6

El botón suicida de las células

El karma es implacable y las células no son la excepción. Ya hemos visto cómo la duración de la vida de las células está condicionada por su propia estructura. Dependiendo del tipo celular, la esperanza de vida de nuestras células puede ir desde unos días e, incluso, a años, pero todas están destinadas a morir y que su función pase a ser reemplazada por otras células nuevas del tejido.

Son muchos los mecanismos que tiene el ADN para reparar los daños y retrasar el declive del funcionamiento celular. En cualquier caso, aunque se retrase, el declive llega y tiene lugar una fase de la vida de la célula que implica mecanismos para prevenir su reproducción si está muy dañada, evitando llenar el tejido u órgano al que pertenece de células potencialmente muy peligrosas. Más adelante veremos por qué.

La senescencia celular es la etapa final de vida de una célula, y son múltiples las señales que la llevan a no reproducirse más: el acortamiento de los telómeros, la pérdida de información en el ADN, el deterioro en la señalización con el entorno, etc. Es un mecanismo de protección último del organismo en el que la célula deja de dividirse permanentemente pero está activa a nivel metabólico y funcional. Pero también forma parte inevitable del envejecimiento en sí mismo. Como hemos visto, aunque unas células gasten sus telómeros antes que otras, todas tienen un límite hasta el cual pueden replicarse, por lo que llega un momento en el que muchas células no cuentan con un reemplazo de células jóvenes sin daños en el ADN. En ese punto, el cuerpo tiene dos opciones: o dejar de replicar esas células o replicarlas con sus daños. La consecuencia es la misma, el tejido experimentará un deterioro significativo en su función.

Las células de nuestros tejidos tienen un deber importante con el conjunto celular. Pertenecer a un colectivo de células que funcionan como tejido conlleva un gran ejercicio de altruismo en el que se está al servicio del conjunto.

No debemos infraestimar la capacidad de una célula para saber cuándo sobra. Ellas se replican al ritmo de las necesidades de nuestros tejidos y están ahí para servir. Esto también implica saber cuándo retirarse y detectar el delicado momento de apartarse porque no estás aportando. No empleo la palabra «delicado» porque la muerte celular sea una materia sensible, sino porque verdaderamente es una red muy compleja de mecanismos y distintas vías a través de las cuales la célula puede morir.

La apoptosis, la piroptosis y la necroptosis son tres mecanismos muy estudiados que constituyen lo que conocemos como «muerte celular programada». Hasta hace poco estaban bien separados y definidos.

Por un lado, con la apoptosis tenemos una muerte celular coordinada y silenciosa en la que la célula muere de forma programada y sin despertar una respuesta inflamatoria ni activar al sistema inmune. Por el otro, la necroptosis y la piroptosis funcionan de un modo más escandaloso, desencadenando una gran respuesta inmune.

Gracias a una revisión publicada en la revista *Cellular & Molecular Immunology* en 2021, sabemos que estas rutas de muerte celular están estrechamente vinculadas y funcionan regulándose entre sí.

Los estresores de mal funcionamiento de las células en etapa de senescencia o muy dañadas suponen en sí mismos señales que llegan al material genético para indicar que es hora de pulsar el botón suicida: regiones de ADN desencadenan las distintas vías de muerte celular cuando se activan. Esta muerte tiene funciones tanto fisiológicas como patológicas. Hay muchos procesos naturales y beneficiosos en el organismo que requieren de muerte celular para ocurrir, como el propio desarrollo embrionario o la selección en el sistema inmune de distintos tipos de células para su correcto funcionamiento.

La muerte celular y el sistema inmune están íntimamente relacionados, y aunque profundizaremos más en el sistema inmune y el famoso *inflammaging*, podemos ir avanzando algunas nociones.

Los protagonistas del sistema inmune en la muerte celular son los fagocitos. Cada día mueren millones de células en nuestro organismo y eso supone que hay cadáveres celulares en los tejidos sin ninguna función ni propósito que, en caso de acumularse, entorpecerían el funcionamiento celular. Los fagocitos se encargan de acudir a la escena del crimen a recoger los restos de las células y reciclar esos residuos de materia orgánica para otros usos en nuevas células o en consumirse en forma de energía.

En condiciones normales, el mecanismo de muerte celular y limpieza posterior a través de la fagocitosis funciona de forma fluida. Sin embargo, este sistema puede colapsar cuando muchas células se mueren a la vez y se acumulan. Esto ocurre cuando hay una lesión en un tejido o cuando combatimos una infección. Luchar contra microorganismos implica que un montón de células han caído en combate. Cuando esto ocurre, el contenido de todas ellas se acumula en el entorno extracelular de los tejidos, lo que se interpreta como señales de daño conocidas como DAMPs o PAMPs en el caso de que haya patógenos por medio. No espero que nadie recuerde los acrónimos DAMP (*danger-associated molecular patterns*: «patrones moleculares asociados a peligro») o PAMP (*pathogen-associated molecular patterns*: «patrones moleculares asociados a patógenos»), pero cuando hay conceptos con nomenclaturas que parecen sacadas del organigrama de clases de un gimnasio municipal hay que sacarlos a relucir.

El funcionamiento coordinado de estas muertes programadas resulta en que ante situaciones de estrés y enfermedad algunas células pueden incluso programar su muerte para que ocurra en el momento más conveniente para el tejido, sin colapsar los mecanismos de limpieza del sistema inmune.

Los mecanismos de corrección de errores en el ADN, la reparación de los mismos, la senescencia y la muerte celular programada están coordinados para conseguir que las células que han perdido mucha información, y que no funcionan bien, sean eliminadas y dejen de reproducirse. Pero ¿qué pasa si estas células llegan a reproducirse?

CAPÍTULO 7

El individualismo es un cáncer

A estas alturas podemos preguntarnos qué mecanismos operan para que una célula de un organismo unicelular y una que pertenece a un tejido de un organismo pluricelular funcionen de forma diferente.

Hemos hablado de cómo las células se comunican entre sí a través del espacio extracelular y de sus rutas de comunicación, que llevan mensajes al núcleo celular y lanzan respuestas desde allí, pero no hemos profundizado en el sistema superior que orquesta los tejidos.

El organismo unicelular toma la decisión de crear biomasa y proliferar basándose en la disponibilidad y calidad de los recursos en el ambiente, y a partir de esa información opera de forma independiente. Sin embargo, el crecimiento de las células individuales que pertenecen a un organismo o tejido se regula de forma no autónoma mediante una combinación de factores de crecimiento solubles y señales biofísicas que comunican las células del tejido a la que llamamos homeostasis.

El tejido posee una regulación homeostática que coordina las señales, haciendo que todas trabajen a su servicio. Son las propias instrucciones del ADN de un organismo pluricelular las que las sujetan a ese tipo de funcionamiento. El problema aparece cuando las células del tejido sufren cambios y acumulan alteraciones genéticas y epigenéticas que permiten eludir las responsabilidades en el tejido. Estas alteraciones les permiten ignorar las señales de homeostasis, manteniendo señales de supervivencia y proliferación. Esto deriva en un estado proanabólico en el metabolismo de las células afectadas que se replican, dando lugar a una acumulación incontrolable de células transformadas y expansión de lo que pasaría a denominarse un tumor.

El momento en el que las células paran de servir al tejido y se vuelven egoístas es cuando podemos hablar de células cancerosas. Pasan de ser un colectivo a un individuo que ya no es regulable por las señales del entorno y pasa a reproducirse de forma descontrolada.

Nuestro ADN tiene regiones con genes destinados a la supresión de tumores. Estas dan lugar a proteínas que vigilan constantemente el material genético en busca de errores para solucionarlos. Pero cuando estas regiones sufren daños o mutaciones, esas células pierden su capacidad de detectar y reparar daños. Paradójicamente, además de tener genes destinados a impedir la proliferación de tumores, nuestras instrucciones celulares contienen genes para desarrollar tumores, conocidos como «oncogenes». Cuando esta región del ADN se activa indica a la célula que se multiplique rápidamente; de hecho, estos genes están muy operativos durante el desarrollo embrionario, son parte del motor que consigue que nos desarrollemos desde una célula a trillones en menos de un año. Ese ritmo de replicación no se puede mantener, por lo que estos oncogenes están programados para apagarse durante la infancia y adolescencia. Cuando hay mutaciones en las regiones con oncogenes, estos pueden volver a activarse y dar instrucción a la célula de multiplicarse rápidamente.

Los tumores pueden originarse por mutaciones en la línea germinal o por mutaciones somáticas. Las mutaciones en la línea germinal están heredadas de nuestros padres. Solo el 5 % del cáncer viene de este tipo de mutaciones. El otro 95 % proviene de mutaciones adquiridas, también conocidas como somáticas. Muchas de ellas tienen que ver con la exposición a sustancias o entornos cancerígenos y otras simplemente con el hecho de estar vivo el tiempo suficiente como para que las probabilidades de que se acumulen errores en el ADN hasta resultar en una célula egoísta constituyan el suceso.

En lo que a estadística se refiere, lo más probable es que mientras lees esto, tu cuerpo esté detectando y eliminando células potencialmente tumorales. Es decir, lo más normal es que los sistemas de protección funcionen. De lo contrario habría todavía más tumores de los que ya conocemos.

Nuestras células tienen muchos mecanismos para prevenir un estado de reproducción descontrolada. Desde la compactación y protección en el núcleo celular del material genético a la vigilancia en la duplicación del ADN, el bloqueo de oncogenes y la estimulación de mecanismos de reparación de daños adquiridos. Día a día enfrentamos potenciales tumores sin darnos cuenta, gracias a una complicada red de mecanismos protectores que han evolucionado con nosotros. Lo que no se esperaba la evolución eran todos los avances científicos, que nos han dado un gran salto en la esperanza de vida sin previo aviso. Por eso muchos científicos afirman que si vivimos lo suficiente, todos acabaríamos desarrollando la enfermedad del cáncer.

Lo más adecuado sería concebir el cáncer no como una enfermedad en sí, sino como una categoría de enfermedades. Pero como estas estarían englobadas en la clasificación de macroenvejecimiento de este libro, vamos a posponer su análisis para terminar con una pincelada optimista en la investigación sobre longevidad.

CAPÍTULO 8

Los hallmarks *de la salud*

Del mismo modo que los investigadores han condensado las señales identificativas del envejecimiento, también se han reunido para establecer cuáles son las de la salud. Han condensado los mecanismos que, cuando operan adecuadamente, son capaces de alargar la esperanza de vida de las células y detener el declive.

El primer foco está en que las células puedan ofrecer una respuesta adecuada al estrés. Qué estrés puede tener una célula pensarás, del mismo modo que yo pienso a qué vida tan precipitada y urgente hacía referencia Elynor Glyn en los años veinte, comparando la velocidad e inmediatez de esa época con la de las primeras décadas del siglo XXI. Pero no vamos ni a compararnos con Elynor ni a compararnos con una célula. A ellas les estresan cosas como la radiación, el exceso o defecto de acceso a alimentos, la deshidratación, el estrés oxidativo y otras circunstancias que abordaremos en el macroenvejecimiento. En cualquier caso, contar con unos buenos mecanismos protectores y reparadores que funcionen a toque de corneta es clave para prevenir el daño en el ADN y también un ingrediente fundamental en las señas identificativas de la salud.

El mantenimiento de la homeostasis resulta esencial, como hemos visto. Es la base del funcionamiento cooperativo de las células. Sin ella son unidades egoístas que velan por sí mismas. Pero cuando a nivel tejido y organismo tenemos bien reguladas las señales que orquestan el funcionamiento de las células todo marcha adecuadamente. Este punto también lo ampliaremos, no solo en el macroenvejecimiento, sino también en el neuroenvejecimiento. No solo se regulan homeostáticamente los tejidos: todo nuestro cuerpo está sujeto a unos mecanismos centrales de regulación de homeostasis muy complejos orquestados en el cerebro. Desde ahí somos capaces de gestionar a gran escala la relación de nuestro cuerpo con el entorno, para que luego puedan darse otras regulaciones a escalas más pequeñas. Esto nos lleva al último punto de interés en las señas de identidad de la salud, que son las características organizativas de la compartimentalización espacial de las células con relación a sí mismas, a su tejido y al órgano al que sirven.

La investigación en patogénesis del envejecimiento investiga tratamientos clínicos para enfermedades relacionadas con el envejecimiento, por ejemplo terapias que ayuden al sistema inmune a eliminar células senescentes con fármacos denominados senolíticos, terapias con células madre para la regeneración de tejidos, tratamientos con antioxidantes y antiinflamatorios o terapias de reemplazo hormonal.

Por otro lado, también se investigan otro tipo de intervenciones que veremos más adelante relacionadas con la restricción calórica, trasplantes de microbiota e intervenciones nutricionales que pueden alargar la esperanza de vida de las personas y mejorar también la calidad de vida de esos años.

SEGUNDA PARTE

Macroenvejecimiento

Cuando tenemos muchas células coordinando sus funciones de relación, alimentación y reproducción —incluso repartiéndose ese trabajo en beneficio colectivo— hablamos de organismos pluricelulares. Los que más conocemos son los del reino animal: los mamíferos, los peces, los reptiles, los moluscos, las aves o los insectos, entre otros. Todos ellos están compuestos por células que inevitablemente funcionan sujetas a todos los *hallmarks* que vimos en el apartado «Microenvejecimiento».

Todas las células, tanto las de organismos unicelulares como pluricelulares, están destinadas a tener en algún punto inestabilidad en el genoma, telómeros que se acortan, mitocondrias que dejan de funcionar bien, escasez de células madre o procesos de eliminación de restos celulares comprometidos.

La diferencia en la esperanza de vida de las distintas especies del reino animal está, como ya hemos visto, en su genoma.

Las instrucciones que dan herramientas de prevención y reparación celular están en el ADN de las células. Así, podemos entender el envejecimiento como algo que empieza cuando se forma la primera célula del organismo pluricelular, ya que nunca va a ser más joven que en ese momento. En adelante irá acumulando errores que se replican, que no se reparan, y acortando los telómeros del ADN en cada división. Sin embargo, cuando analizamos el envejecimiento de los animales —y más en concreto, el de los mamíferos—, la ciencia se centra en un proceso de desarrollo que alcanza su culmen en la madurez sexual y, desde ahí, comienza un declive. Un deterioro de la salud y vitalidad del organismo que va perdiendo eficiencia en su sistema.

CAPÍTULO 9

La longevidad de las especies animales

Tamaño corporal y longevidad

Hay especies que alcanzan la madurez sexual en horas, otras en días, otras en meses y otras en años. ¿De qué depende esto? Sabemos que tiene que ver con el genoma y con las instrucciones de la especie, pero la siguiente pregunta es: ¿por qué los ratones alcanzan la madurez sexual a las 6 o 7 semanas de vida mientras que a los humanos nos llega en la adolescencia? Podríamos pensar que es una cuestión de tamaño, que a los animales pequeños les llega antes la madurez sexual. Pero un ratón y un loro pueden pesar lo mismo y el segundo alcanza su madurez sexual con 2 años de vida.

El tamaño del animal no nos explica cuánto tarda en alcanzar la madurez sexual ni cuándo empieza su declive y envejecimiento, aunque si analizamos más en detalle el ejemplo del loro, vemos que es un animal mucho más longevo que un ratón. Mientras los ratones pueden vivir unos 2 o 3 años, los loros pueden llegar a 40 o 60 años. ¿Quiere decir esto que cuanto más longevo es un animal más tarda en llegar a su madurez sexual? No.

Dentro de las especies longevas encontramos maduraciones sexuales muy diferentes. Pero las especies con ciclos de vida más cortos tienen en común maduraciones sexuales muy rápidas.

Una vez vi un vídeo en TikTok que me hizo muchísima gracia.

Dos chicas liberaron a un pequeño ratoncito que habían encontrado en un pabellón y lo soltaron en un aparcamiento al aire libre. Estaban celebrando su heroica acción mientras el ratoncito corría despavorido por una gran explanada de cemento vacía cuando, de repente, los vítores y celebraciones de las muchachas se vieron interrumpidos por el descenso a gran velocidad de un ave rapaz que atrapó al ratón y emprendió un vuelo alto con su presa. Esto reemplazó las celebraciones por gritos. Me hace gracia porque no soy una buena persona y además soy lo suficientemente pedante como para regocijarme de la ignorancia de estas muchachas al soltar un mamífero pequeño en una explanada sin posibles escondites. ¿Qué esperaban?

No te cuento esta anécdota solo para caerte mal, sino para ejemplificar las muchas dificultades que tiene para sobrevivir un organismo tan pequeño; tantas que a nosotros, los humanos, ni siquiera se nos pasan por la cabeza.

Pero ser un animal pequeño tiene muchas ventajas, como no necesitar mucho alimento para sobrevivir. En caso de sequía, morirá antes un elefante que un ratón. Si el sol da una radiación insufrible, los que tengan mayor capacidad de esconderse y refugiarse sobrevivirán mejor que aquellos a los que ni un árbol puede proteger. Sin embargo, un animal pequeño tiene muchos depredadores. Cualquier carnívoro más grande que ellos podría depredarlos, como en el caso del vídeo. También pueden sufrir más accidentes mortales. Las mismas rocas que pueden ocasionar una lesión a una cabra por desprendimiento en la ladera de una montaña resultan letales para un pequeño roedor.

No obstante, los loros, aun siendo del mismo tamaño que muchos ratones, reducen drásticamente el número de depredadores que tienen porque pueden volar. Se olvidan de muchos depredadores terrestres, y sufren menos accidentes al no desplazarse por el suelo.

Toda esta información nos lleva a una de las teorías más sólidas a la hora de explicar por qué una especie tiene unas instrucciones genéticas de alcanzar la madurez sexual a los 12 días de vida y una esperanza de vida de 3 meses, y otra alcanza la madurez sexual a los 15 años y puede vivir 90. Es el hábitat en el que ha evolucionado una especie el que moldea estas instrucciones.

Longevidad e historia evolutiva

Poco a poco, a lo largo de la historia, el entorno ha ido sometiendo a las especies a presiones evolutivas, condiciones del hábitat que favorecen la supervivencia de ciertas habilidades o características sobre otras. Por ejemplo, si en una población de tortugas tenemos a unas tortugas muy grandes y otras muy pequeñas, las primeras consumirán más recursos, ocuparán más territorio y podrán dominar durante un enfrentamiento físico. Esto favorecerá que sean las que más se reproduzcan, por lo que poco a poco la especie irá teniendo un tamaño mayor. Sin embargo, si una plaga de bacterias ataca a su alimento, y este comienza a escasear, las que necesitan menos alimento, o sea, las pequeñas, sobrevivirán y se reproducirán, haciendo que las tortugas de esa población sean más pequeñas.

Las mutaciones en el ADN también juegan un papel muy importante en la evolución. Las alteraciones aleatorias que sufre la información genética pueden dar lugar a cambios en un individuo que pueden resultar letales o muy adaptativos. Esto también depende del entorno. El ejemplo que más se usa para explicar esto es el de los cambios de coloración que se dieron en las poblaciones de mariposas —más bien polillas— que vivieron el proceso de la revolución industrial.

Las polillas moteadas tienen alas blancas con puntitos grisáceos. Suelen vivir sobre abedules cuyos troncos son también de un tono blanquecino y con pequeñas oquedades en la madera que simulan motas. Dichas polillas fueron evolucionando en ese entorno y sobrevivieron aquellas que se camuflaban bien en los abedules y no eran vistas por sus depredadores, los pájaros. Sin embargo, cuando comenzó la revolución industrial en el Reino Unido y el aire empezó a llenarse de humo negro y contaminación, los troncos de los árboles comenzaron a ennegrecerse. De repente, todas las polillas blancas eran, valga la redundancia, un blanco fácil para los pájaros, pues su color contrastaba mucho con el tronco. Cuantas más motas grises

tenía una polilla, más difícil era para un pájaro distinguir su silueta en el tronco del árbol. Así, aquellas polillas que hasta ese momento habían sido más fáciles de cazar, tuvieron una ventaja adaptativa, se reprodujeron y pasaron sus instrucciones genéticas de alas más oscuras a la descendencia. Esto hizo que poco a poco el color predominante en las poblaciones de polillas moteadas fuese el gris oscuro o casi negro, perfectamente camufladas en el nuevo color de los troncos de abedul.

Antes de continuar con la explicación de la evolución de las especies en un hábitat, y cómo este afecta a su madurez sexual y la longevidad, he de completar la historia con la ironía de que cuando llegaron las regulaciones en las emisiones de contaminantes al medioambiente, los troncos de abedul recuperaron su color original. Cómo afectó eso a la coloración de las poblaciones de polillas ya os lo imagináis.

Volviendo al tema, imagina que una especie con muchos depredadores y probabilidades de accidentes letales llegase a su madurez sexual a los 4 meses. ¿Cuántos de sus individuos llegarían a reproducirse antes de morir? Con tantas amenazas a la supervivencia, reproducirse cuanto antes sería una garantía de pasar su ADN a la descendencia.

Ya sabemos que el ADN es bastante egoísta, mira por sí mismo y desea replicar su información; por suerte, en el caso de los ratones y muchas especies similares se da de forma muy prolífica, lo que garantiza más éxito de supervivencia de ese material genético.

Esto no quiere decir que de base todas las especies deberían tener una maduración sexual más tardía, sino que el ambiente va condicionando la evolución de cada una. Lo hace de forma azarosa, ya que la «madre naturaleza» difícilmente pudo prever la revolución industrial que cambió el color de las polillas moteadas o muchas otras presiones ambientales que van surgiendo en el ADN.

En el caso de la especie humana, somos menos prolíficos; nuestra madurez sexual tarda más tiempo en alcanzarse y esto se da porque en lugar de reproducirnos rápido y mucho, la estrategia para adaptarnos a las presiones evolutivas que sufrieron nuestros ancestros fue desarrollar más competencias y habilidades de explotar los recursos del entorno y dar lugar a crías escasas pero muy adaptables, con la capacidad de asimilar la cultura de su especie en cuanto a cómo sobrevivir mejor.

Una curiosidad sobre la maduración sexual de la especie humana es que la adolescencia, un periodo que tenemos tan asociado con la juventud, lo es de envejecimiento acelerado. Si entendemos el envejecimiento como ese proceso en el que la replicación celular da como resultado un declive paulatino en el funcionamiento de las células, a lo largo de la infancia y adolescencia vivimos varios periodos de desarrollo muy apresurado en que la replicación celular es constante. Solo hay que fijarse en ese primo que no ves desde el último verano y que, de repente, te saca dos cabezas. En ese cuerpo se han replicado células a un ritmo vertiginoso, y más de un error ha habido sin lugar a duda.

Este crecimiento tan rápido se da gracias a aumentos en la producción de la hormona del crecimiento. Se denomina así precisamente porque su aparición en los tejidos actúa como señal para que las células empiecen a replicarse. Es una hormona asociada a la juventud porque realmente nos habla de la vitalidad que tiene una persona. Cuando las células tienen muy buen ritmo y capacidad de reproducirse, nuestros tejidos están saludables. Aumentamos el rendimiento físico, tenemos una buena densidad ósea, se regula adecuadamente el porcentaje graso de nuestro cuerpo y nuestros músculos están fortalecidos. Es por esto que muchos atletas y personas que desean aumentar su masa muscular toman hormona del crecimiento; incluso se utiliza en terapias para personas de edad avanzada que pueden recuperar vitalidad con ella.

En este punto sería fácil pensar que nos interesa a todos tomar hormona del crecimiento para mantenernos siempre jóvenes, pero, como ya he dicho, dicha hormona está asociada a la velocidad a la que envejece el organismo. De hecho, algunas publicaciones vinculan las pubertades tardías con un envejecimiento más paulatino también en la edad adulta, porque habría menos hormona del crecimiento operando en ese cuerpo.

No debemos confundir vitalidad con longevidad, ya que justo los periodos de más vitalidad son aquellos en los que el cuerpo envejece más rápido. Encontrar un equilibrio entre estas fases es clave para vivir muchos años de forma saludable.

Dime dónde evolucionaste y te diré cuánto vivirás

Como ves, el ambiente en el que evolucionan las especies es clave para entender las diferencias de longevidad entre distintas especies. La interacción ambiente-ADN moldea las especies, condicionando la longevidad de estas. La temperatura de ese ambiente, por ejemplo, también es un gran condicionante. Los animales que viven en ambientes más fríos tienen tasas metabólicas más bajas.

Podríamos decir que la tasa metabólica es la cantidad de energía que utiliza un individuo para sus funciones de respirar, digerir alimento, filtrar la sangre y todo lo que ocurre en nuestro cuerpo sin que sea una orden consciente.

En ambientes fríos, el ritmo de trabajo de estos sistemas se reduce mucho. Este funcionamiento ralentizado también disminuye el ritmo de replicación celular, por lo que en los ambientes más fríos es donde encontramos las especies más longevas del planeta, como el tiburón de Groenlandia, que puede vivir 400 años; almejas que llegan a vivir medio milenio o esponjas en la Antártida que viven hasta 10.000 años.

A pesar de que ahora estés pensando en quedarte quieto en una cámara frigorífica para vivir más años, he de insistir en que esto funciona por el genoma de la especie. Si puedes leer este libro, no tienes ADN de esponja de la Antártida, por lo que no cuentas con las adaptaciones para llegar a esa edad hagas lo que hagas.

Probablemente nadie quiera cambiarse por una esponja, pero deja que te tiente con las bondades de ser una levadura inmortal, un microorganismo unicelular. Su nombre se debe a que tiene la capacidad de activar regiones de su ADN que alteran el metabolismo celular, devolviéndolo a un funcionamiento juvenil. Es decir, tiene en su material genético paquetes de instrucciones que la llevan del declive propio del envejecimiento a funcionar como en sus primeros momentos de vida. Lo mejor de todo es que esto ocurre ante señales de estrés en el ambiente. Cuando las condiciones se vuelven hostiles, esa información llega hasta el ADN, activando dichas instrucciones de volverse juvenil.

Por una esponja no me cambiaría, por una levadura inmortal tampoco, pero no me molestaría protagonizar un cómic en el que me pica una levadura inmortal y me pasa esos genes. Cada vez que estuviese sometida al estrés de, por ejemplo, escribir un libro, ganaría años de vida, en lugar de alguna úlcera o contracturas fruto del perfeccionismo.

Si bien no nos ha picado ninguna levadura inmortal, nuestra especie también cuenta con alguna estrategia de rejuvenecimiento ante estresores. No como nos gustaría, desde luego, pero a lo largo de este apartado, relacionado con el macroenvejecimiento, vamos a ver cómo el estrés puede funcionar en nuestro favor.

¿Qué es la muerte natural?

Cuando bajamos los aumentos del microscopio salimos de la escala microscópica de las células y empezamos a ver el funcionamiento de los tejidos y órganos, así como su envejecimiento. Este es un proceso gradual y también patológico. Tarde o temprano, el envejecimiento en la escala macroscópica lleva sin remedio al empeoramiento de la función de los tejidos.

El envejecimiento en la escala micro afectaría solo a una célula, pero como somos organismos pluricelulares sumamos el envejecimiento de todas, y esto da lugar a un aumento significativo del riesgo de padecer enfermedades asociadas a nuestra edad. Enfermedades neurodegenerativas, cardiovasculares, metabólicas, musculoesqueléticas o del sistema inmune.

Además, a medida que los tejidos pierden el buen funcionamiento, los procesos celulares que vimos en el microenvejecimiento reducen la reparación y el potencial regenerativo.

A pesar de esto, nos resistimos a pensar en el envejecimiento como algo patológico. Es natural, porque normalmente cuando hablamos de envejecer no lo hacemos en el contexto de este libro. Hablamos del envejecimiento como algo cultural y no como un hecho biológico. Pero vamos a desvincular, por el momento, ambos conceptos, quedándonos solo con la biología. Insisto, por el momento.

Cuando hablamos del envejecimiento como de una parte natural de la vida también caemos en hablar de conceptos como «muerte natural». Esto nos puede llevar a la creencia de que existe un envejecimiento sin afectaciones en el que el cuerpo simplemente deja de funcionar. Como si de repente hubiese un botón que se apaga. Pero ¿qué significa realmente eso?

Por lo que a mí respecta, cualquier muerte es natural. Si me clavo un cuchillo y me hago heridas incompatibles con la vida, lo natural es que me muera. Si me envenenan, también tendré una muerte natural. Diría que todas las muertes son naturales.

Realmente, el concepto viene heredado del ámbito del derecho penal, que diferencia entre muerte natural, violenta o sospechosa de criminalidad. Y como no quiero hablar de derecho ni leyes hasta que te cuente un poco sobre las regulaciones de drogas legales como el tabaco o el alcohol, vamos a dejar de lado el concepto «muerte natural».

Todas las muertes son naturales y lo que vamos a ver es qué factores pueden acercarnos o alejarnos de ese momento.

Longevidad a nivel poblacional

No podemos hablar de longevidad en un libro atendiendo a cada persona. Es evidente que los ingredientes que afectan a la longevidad de un individuo son un cúmulo único de sus circunstancias vitales. Por eso los profesionales de la salud prescriben medicamentos a personas y no a comunidades enteras de vecinos. Debemos entender la salud como algo individual a la hora de tratar una patología. Sin embargo, es importante también entenderla como algo colectivo cuando analizamos qué factores la deterioran, ya que, al fin y al cabo, nuestra especie vive sometida a unos ambientes que representan, como ya vimos, el 80 % del envejecimiento.

Incluso desde el 20 % del envejecimiento que se explica por el ADN que heredamos podemos hablar a nivel poblacional. Se han encontrado componentes genéticos de longevidad, por ejemplo, en poblaciones amish. Un estudio comprobó cómo acumulaban una mutación que pasaba de generación en generación y afectaba indirectamente a la replicación celular, otorgando más longevidad a los portadores.

Son muchas las diferencias en esperanza de vida si comparamos poblaciones y realmente pocos los casos que se explican por ese 20 % del ADN, como el caso de los amish. La mayor parte de las diferencias de longevidad se explican por la región y las condiciones materiales que experimentan los que viven allí.

Seguro que ya has oído hablar de las zonas azules. Son áreas del planeta muy concretas habitadas por personas que viven significativamente más años: Okinawa en Japón, Ikaria en Grecia, Nicoya en Costa Rica o las áreas montañosas de Cerdeña.

En este punto podrían aflorar muchas teorías, como que se trata de zonas aisladas en las que han podido acumularse alelos (material genético) vinculados a la longevidad que se heredan de una generación a otra sin mezclarse con alelos de fuera de la población aislada. También podría explicarse por el hecho de tratarse de poblaciones de baja estatura, con cuerpos más pequeños en los que hay menos células y, por lo tanto, menos replicaciones celulares con posibilidad de error.

Esta teoría del tamaño corporal es muy fácil de validar en nuestra cabeza, ya que si imaginamos a una persona muy muy longeva, a nuestra mente siempre viene una anciana (generalmente son mujeres) muy bajita y delgada que sale en las noticias celebrando sus 100 años. Nunca suelen ser personas muy grandes las que aparecen en ese tipo de reportajes. La verdad es que cuenta con respaldo científico vinculado precisamente al tamaño corporal, a la tasa metabólica y al ritmo de replicación celular que tiene un organismo. Insistimos, a más replicación celular, más acortamiento de telómeros y más posibilidades de errores sin reparar en el material genético.

Si lo piensas, esto se ajusta por ejemplo a la longevidad en los perros. Esta es una especie con razas de tamaños muy diferentes. Aquellas de menor tamaño pueden llegar incluso a duplicar la esperanza de vida de los perros grandes. Mientras que los perros más pequeños pueden llegar a vivir hasta 20 años, los más grandes suelen hacerlo entre 8 y 10. Siempre veremos excepciones, por supuesto, pero esa variabilidad en el caso de esta especie se ha relacionado con el tamaño.

Es posible que estés acordándote de la ballena longeva de la que hemos hablado o de tortugas marinas de 200 años que pesan lo mismo, o más, que un san bernardo. Lo importante en la teoría (que es una teoría) que relaciona el tamaño con la longevidad es que explica parte de las diferencias de esperanza de vida entre animales de una misma especie. Es decir, con el genoma de humanos o perros, aquellos más pequeños tienen más facilidad para ser muy longevos. Así, las ballenas de menor tamaño de esa especie podrían vivir más años.

Todo esto de la longevidad y el tamaño resulta interesantísimo. Pero solo puede explicar una parte muy pequeña de la longevidad de una persona. De aquí podemos inferir que resulta interesante ser de los individuos más pequeños de una especie en lo que a longevidad se refiere. Sin embargo, si se trata de una especie que tiene que competir físicamente por los recursos ayudándose de la fuerza o de un tamaño corporal grande, la explicación se complica.

Así es la biología, tenemos que estar siempre ajustando el discurso para explicar que los fenómenos, y más aquellos tan complejos como

la longevidad, han de explicarse con cautela y a través de diferentes prismas e investigaciones.

La investigación sobre longevidad en las zonas azules no es diferente. Estas comunidades han sido muy estudiadas sin llegar a desvelar un único ingrediente secreto para su longevidad, por lo que todo apunta a una receta muy compleja. A donde apuntan sin lugar a dudas todas las revisiones científicas es a la calidad de vida y la alimentación que hay en esos entornos, así como a que el sedentarismo y las dietas basadas en ultraprocesados están poco a poco igualando la esperanza de vida media de las zonas azules a la global.

CAPÍTULO 10

Sistema inmune y envejecimiento

Un cuerpo en constante amenaza

A priori, podríamos pensar que nuestro cuerpo tiene un manual de instrucciones sencillo para vivir bien. Deberíamos darle una dieta saludable, descanso y ejercicio, en contraposición a ese sedentarismo y vida llena de ultraprocesados que se está cargando las zonas azules. Es un discurso bastante empoderante, ya que deja en nuestras manos la capacidad de hacer algo con nuestro destino, como si pudiésemos decidir soplar 100 velas para un reportaje en los informativos. Sin embargo, nuestra salud no depende solo de lo que nosotros hacemos; nuestro ritmo de envejecimiento también está condicionado por todo lo que nos rodea que no son nuestros hábitos.

Lo que veremos a lo largo de este segundo apartado es que nuestro cuerpo está en constante peligro. Parece que el mero hecho de estar vivos nos lleva al declive, incluso de formas tan pasivas como el transcurrir de los días y la división de nuestras células.

Hasta este punto nuestro cuerpo poco o nada puede hacer; nuestras células tienen que replicarse para que sobrevivamos y el tiempo no puede no transcurrir. No hay polvo de hadas suficiente en el bolsito de Campanilla para hacernos volar a todos hasta la segunda estrella a la derecha, donde viviríamos para siempre felices como niños perdidos en el país de Nunca Jamás. Por lo que no queda más remedio que defenderse como buenamente podamos de la hostilidad de estar vivos.

Ya hemos visto que nuestras células hacen lo que pueden para protegerse. Efectivamente, se replican sin cesar y ese es el principal problema, pero como quien pide el café con sacarina en la sobremesa de una copiosa comida, las células luchan a escala micro, dentro de ellas mismas, para combatir los errores del ADN. Sin embargo, no todas las amenazas al ADN y al bienestar de las células provienen del paso del tiempo. Lo que le pasa a nuestro cuerpo a gran escala también afecta a nivel microscópico al funcionamiento celular. De hecho, muchas amenazas son también microscópicas.

Los virus son microorganismos compuestos por material genético encapsulado que va buscando un huésped. Como un virus no tiene estructuras complejas como nuestras células, es incapaz de hacer las funciones de reproducirse o alimentarse. Necesita introducir su material genético en el de una célula sana para que esta empiece a reproducir su ADN en lugar del propio. Esta amenaza para las células no nace del interior de las mismas, pero su consecuencia es que en lugar de hacer lo que estaba haciendo —cumpliendo su función con el tejido u órgano—, pasará a obedecer al virus para después morir.

Otros microorganismos que afectan al funcionamiento de los tejidos son las bacterias, hongos y otros patógenos con capacidad de interferir en el buen funcionamiento de las células. Ellas realmente quieren estar concentradas haciendo su cometido, como si de un militar se tratase, pero hay tantas cosas intentando atacarlas que es muy probable que en un momento u otro no puedan cumplir su misión.

Las probabilidades de que una célula, tejido u órgano sean atacados por patógenos o lesiones son tan altas que la evolución de muchísimas especies animales e incluso vegetales ha destinado recursos a hacer tipos celulares enfocados única y exclusivamente en la protección y reparación de los tejidos. Del mismo modo que aparecieron mecanismos a nivel epigenético para ir reparando el ADN, también tenemos sistemas a nivel corporal que monitorean nuestro cuerpo en busca de amenazas. El protagonista sin lugar a dudas es el sistema inmune.

¿Quién cuida al sistema inmune?

Haciendo honor a la divulgadora Lucía Almagro (@diariodeunacientífica), a la que tuve el honor de entrevistar, os voy a explicar el sistema inmune como lo hace ella, comparándolo con un castillo medieval. Además, para darle mi toque, no va a ser cualquier castillo medieval: quiero que visualices Invernalia en *Juego de tronos*.

Invernalia está totalmente rodeada de murallas y, como toda buena fortaleza, un ejército la protege de posibles invasiones o, incluso, de traidores del interior. En esta metáfora, el castillo es nuestro cuerpo y el ejército nuestro sistema inmune.

El problema es que el buen funcionamiento del castillo requiere de comunicación con el exterior. Hay carruajes que tienen que entrar para llevar alimento o cuervos que han de salir para enviar mensajes a otras ciudades de Poniente. Por desgracia, nuestro castillo necesita puertas y puntos débiles que podrían ser usados por enemigos para atacarnos.

Tenemos la suerte de que nuestro ejército no es un grupo de soldados cualquiera, sino que se trata de un escuadrón de élite con distintos cuerpos especializados según la amenaza que suframos. Y antes de que el ejército tenga que entrar en acción, la propia construcción del castillo, con sus murallas y defensas, supone no solo una barrera disuasoria sino un impedimento físico para muchos ataques. En el caso de nuestro cuerpo, los muros del castillo son nuestra piel, que cuenta con una capa superior de células queratinizadas que nos protegen de cambios de temperatura o infecciones.

El pelo, por ejemplo, es una barrera física también contra patógenos, insectos o incluso la dañina radiación solar, de la que hablaremos más adelante. Nuestras mucosas son las puertas al castillo, pues están todas en orificios de entrada o salida como son la boca, las fosas nasales, la uretra, la vagina o el ano. Para proteger esas zonas de paso tan vulnerables a las infecciones, las células de esas zonas están especializadas en la secreción de moco. Este se encarga de arrastrar los microorganismos o sustancias no deseadas para el cuerpo, impidiendo que lleguen a penetrar en nuestras células y causen daños. Incluso nuestra saliva o los jugos gástricos del estómago tienen esa función de matar o expulsar cualquier germen que pueda afectarnos.

Te presento a tu sistema inmune

Teniendo en cuenta la cantidad de patógenos que nos rodean, sin el buen funcionamiento de esas barreras del castillo estaríamos más enfermos de lo que solemos estar, y eso que aún ni siquiera hemos llegado al sistema inmune. Este solo actúa realmente cuando hay un ataque que logra penetrar en nuestro organismo y amenazar a nuestras células. Cuando las defensas estructurales del castillo caen es cuando nuestro sistema inmune entra en acción, y lo hace en dos fases:

Inmunidad innata

Es una parte del sistema inmune con la que nacemos, como un sistema de defensa básico pero imprescindible. No es una defensa muy especializada ni sabe reconocer distintos tipos de amenazas, pero está lista para atacar a todo el que no sea un Stark, es decir a todo el que no sea del castillo o haya sido expresamente invitado.

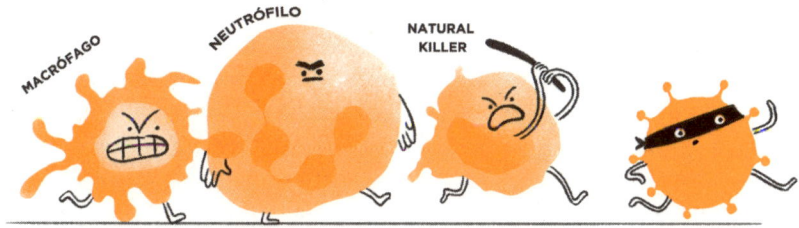

Ellos golpean y después preguntan. Se constituye con soldados como los macrófagos, los neutrófilos o las células *natural killer*. Como su nombre indica, estas últimas van a lo que van: como vean a una célula del castillo afectada, se la cargan. Da igual el motivo, si no están funcionando como deberían, las matan. Los macrófagos asumen un papel más de limpieza. Como si de barrenderos se tratase, van monitoreando el cuerpo y comiéndose lo que les sobra. Si ven una bacteria se la comen, pero si ven una célula muerta, también. Los macrófagos van limpiando el cuerpo de restos celulares, propios o ajenos, que puedan dificultar el buen funcionamiento del tejido. Por último los neutrófilos, que son un tipo de glóbulo blanco a los que también podemos llamar fagocitos, llegan a la escena del crimen casi los primeros para atrapar microbios o eliminarlos con enzimas que los destruyen. Lo bueno de los neutrófilos es que actúan a modo de chivatos, avisando a otras partes del sistema inmune por si la batalla necesita refuerzos.

Inmunidad adquirida

Si esto fuese una película, a ninguno le caería bien la inmunidad adquirida. Es un poco como el personaje flipado que llega después del durísimo trabajo de la inmunidad innata para decir «FBI» y que todos se echen a un lado para que se lleve todas las medallas de resolver el caso. Lo peor de todo es que su actitud sería la correcta, porque, si bien el sistema innato es fundamental —y veremos que a lo largo de la longevidad humana lo es muchísimo—, en las amenazas graves no sobreviviríamos sin esta inmunidad adaptativa. Se trata de una respuesta más lenta porque es una respuesta estratégica. La inmunidad adquirida va preparándose y opositando desde que nacemos. Cada vez que nos enfrentamos a la amenaza de un patógeno, va tomando nota de cómo es, cómo actúa y cómo se lo destruye. Esta inmunidad está compuesta por los famosos linfocitos: los B —que se encargan de fabricar anti-cuerpos que funcionan como misiles dirigidos al enemigo identifica-do— y los T —que ayudan a organizar la defensa coordinada del sistema inmune y a limpiar la escena de la batalla para que el tejido recupere su función habitual.

A medida que crecemos, todo el sistema inmune, tanto la parte innata como la adquirida, va aprendiendo a funcionar de forma coordinada. Es un sistema que adquiere memoria y va agilizando la respuesta.

Una de las pocas cosas «positivas» que nos ha dejado la pandemia es mucho aprendizaje sobre el sistema inmune y cómo el enfrentarnos a infecciones puede ayudar a nuestro cuerpo a combatirlas más ágil-mente en el futuro. De hecho, es el sistema mediante el cual funcio-nan muchas de las vacunas que se utilizan: se nos expone a alguna parte del virus para que nuestro sistema inmune diseñe estrategias efectivas de combate.

Además de las defensas mecánicas que tiene nuestro cuerpo, todo el sistema inmune se organiza a nivel macroscópico en el sistema linfático. Hablamos ya de escala macroscópica porque el sistema lin-fático está constituido por los ganglios, la médula ósea, las amígdalas, el bazo, el timo, los vasos linfáticos y partes de tejido linfático alojadas, por ejemplo, en el intestino.

Es importante hablar de la linfa, y para entenderla podríamos com-pararla con la sangre. Los vasos linfáticos están repartidos por nuestro cuerpo como los vasos sanguíneos y también transportan un líquido, la linfa, que tiene funciones vitales para la supervivencia. Del mismo modo que la sangre, transporta nutrientes y oxígeno a las células y lleva de vuelta el CO_2 y los desechos de la actividad celular a los pulmones y a los riñones. La linfa tiene sus circuitos de llevar y traer sustancias con el fin de ayudar al sistema inmune a funcionar correctamente. Transporta sobre todo agua, pero en ella viajan glóbulos blancos y lípidos.

El sistema linfático nos ayuda a mantener el equilibrio corporal en cuestiones de sales, líquidos y lípidos, a la vez que transporta ade-cuadamente a una parte de los ejércitos del sistema inmune. La mé-dula ósea funciona como un centro de reclutamiento. Allí nacen las células del sistema inmune que luego viajan al timo, la academia donde aprenden a distinguir entre lo que es propio del cuerpo y no deben atacar y lo que son amenazas externas que se deben eliminar. En el bazo se almacenan muchas células del sistema inmune, y estas viajan hasta los ganglios linfáticos, que operan como un centro de reunión. Estos ganglios funcionan como comisarías en las que se planifican estrategias; espacios en los que llegan soldados de la zona de guerra para avisar de qué han visto y anunciar cómo debe responder el sistema inmune adquirido.

Duerme y cuida tu sistema inmune

Con todo lo que hace el sistema inmune por nosotros es importante reflexionar sobre qué podemos hacer nosotros por él. Es una reflexión bastante egoísta, como cuando tu jefa, en vez de subirte el salario, mejora las condiciones laborales poniendo café gratis y una zona con fruta y bollería en la oficina, pensando en cómo tenerte trabajando más horas y mejor, no en tu bienestar y descanso. Si te tomas el café y el *croissant* allí, ni siquiera pierdes tiempo en bajar al bar en el descanso. Pues nosotros queremos eso de nuestro sistema inmune: que rinda al máximo sea como sea.

El problema del sistema inmune es que, igual que el resto del cuerpo, está constituido por células que, como hemos visto hasta ahora, son las responsables de todos los problemas. Todo las ataca, todo las destruye e incluso su propia replicación puede ser un problema. Por no hablar del gasto energético que supone un sistema que trabaja con células.

Los ladrillos de las células son las grasas, proteínas y carbohidratos. Para fabricar células necesitamos energía, que después necesitan todavía más energía para funcionar. Con nuestro sistema inmune pasa lo mismo: funciona con células y tejidos que necesitan renovarse constantemente.

Para nuestro sistema inmune somos como bebés de 9 meses aprendiendo a caminar. Todo el tiempo que estamos despiertos es un problema para él, como si tratáramos de morir constantemente. Nos exponemos a gérmenes, a lesiones y a situaciones de estrés que le hacen trabajar constantemente. Durante todas esas horas, el sistema inmune no puede pensar en él mismo ni mucho menos descansar, tiene que estar a tope reparando todo el daño que le hacemos al cuerpo al estar despiertos y funcionando.

Cuando nos vamos a dormir, el sistema inmune vive ese momento de madre o padre después de acostar a su descendencia en el que por fin pueden ducharse tranquilamente, cenar y ver una serie. Ese momento de autocuidado en el que su prole no está intentando suicidarse constantemente y pueden pensar en sí mismos.

Es durante las horas de sueño cuando el sistema inmune se encarga de reparar gran parte del daño corporal que hemos hecho despiertos, pero también de replicar y cuidar sus propias células.

Tradicionalmente, entendemos el sueño como un momento de cuidado cerebral, como si el descanso solo operara en el sistema nervioso, pero es el momento del día en el que el verdadero protagonista es el sistema inmune. En ese momento puede fortalecer sus tropas y reparar verdaderamente nuestros tejidos, limpiando también los restos celulares que puedan quedar de las batallas del día.

Cuando nos dicen la frase de «el sueño no se recupera» se trata precisamente de esto, de los mecanismos de reparación. Tu cuerpo espera que duermas unas 7 u 8 horas al día (esto varía mucho según la persona y la edad), y cuando duermes menos de esas horas no solo estás perdiendo momentos de reparación de los tejidos y funciones corporales, sino que añades horas despierto, es decir, más daños y estrés corporal. Es como si le dieses más trabajo al sistema inmune sin tiempo para hacerlo.

Para cuidar la salud es importantísimo cuidar del descanso. Nuestro sistema inmune es protagonista en los mecanismos que afectan a la longevidad y calidad de vida, y las horas de sueño son su espacio para repararte y repararse.

Envejecimiento del sistema inmune

El hecho de que nuestro sistema inmune esté constituido por células es que estas tienen los mismos problemas que las demás: están destinadas a envejecer. Parece que en nuestro cuerpo nadie se libra del paso del tiempo y de sus errores, ni siquiera los soldados que están ahí para corregirlos.

El envejecimiento del sistema inmune es el que explica la vulnerabilidad de personas muy mayores a infecciones comunes que a otras más jóvenes no les causarían más que una semana de reposo en cama. La población envejecida es más vulnerable a las infecciones, responde con una menor eficacia ante las vacunas y también tiene deteriorados los sistemas naturales del cuerpo para combatir tumores. Este deterioro se debe al envejecimiento de las células del sistema inmune, un proceso bautizado como inmunosenescencia.

Inmunosenescencia

Podemos diferenciar dos tipos de senescencia celular. La primera es la que depende de los telómeros y, por lo tanto, está relacionada con la senescencia replicativa, la edad de la persona y la senescencia prematura. La segunda está provocada por muchos mecanismos celulares que ya hemos visto en el microenvejecimiento (disfunción mitocondrial, cambios epigenéticos, perturbaciones en proteostasis, estrés oxidativo, etc.), y es que, al fin y al cabo, las células del sistema inmune funcionan y se replican igual que el resto.

El declive en esas capacidades combativas de nuestros ejércitos y el aumento de aparición de procesos proinflamatorios en el organismo son los *hallmarks* de la inmunosenescencia. Sí, en esto también los hay. Últimamente, los científicos que trabajan en cuestiones de salud se reúnen y se ponen a determinar *hallmarks* de aspectos que, por mi parte, encuentro muy útiles, porque nos resumen la evidencia científica y la reúnen en un consenso de lo que se sabe de la materia.

Inflammaging

La suma de ese declive en la defensa y la inflamación fruto de la inmunosenescencia constituyen lo que Claudio Franceschi bautizó en el año 2000 como *inflammaging*. Pero antes de profundizar en el envejecimiento vinculado a la inflamación, veamos de qué estamos hablando.

En la inflamación a nivel organismo siempre está involucrado el sistema inmune. Si te das un golpe y te sale un chichón o si te haces un esguince y se te pone el tobillo como una pelota de fútbol, es el sistema inmune el que está actuando para proteger esos tejidos. ¿Cómo lo hace? Y, más importante todavía, ¿para qué?

La inflamación es una respuesta protectora de nuestro cuerpo. Cuando nos damos un golpe, sufrimos una infección o nos cortamos, la reacción inmediata es la respuesta inflamatoria. Es un proceso que nos resulta molesto, por eso el ¿para qué? ¿Qué necesidad hay de que, además del daño sufrido, aparezca esa respuesta que causa todavía más malestar? Se trata de una de las primeras líneas de defensa del sistema inmune.

Cuando las células inmunitarias detectan una amenaza, no solo responden mediante los mecanismos que describí anteriormente —comiendo y eliminando células—, sino que se activan varias señales químicas, como las citoquinas o las prostaglandinas, que atraen rápidamente un montón de líquidos a la zona lesionada.

Tiene lugar la vasodilatación. Los vasos sanguíneos se ensanchan, permitiendo que llegue un mayor flujo de sangre a la zona, ya que en ella viajan muchos de los soldados del sistema inmune y los nutrientes esenciales para la reparación. Es por esto que las zonas tienden a ponerse también rojas con la inflamación, por el color rojo de los glóbulos rojos de la sangre. Además, sube la temperatura porque la sangre está más caliente que el resto de los tejidos del cuerpo.

Para facilitar la llegada de los macrófagos y neutrófilos a la zona conflictiva, las paredes de los vasos sanguíneos aumentan su permeabilidad: abren más canales de comunicación con las células para que el sistema inmune llegue al tejido sobre el que tiene que trabajar.

Se cree también que la inflamación es una forma de aislar el tejido dañado de los tejidos sanos. Como si se dibujara un perímetro de actuación para los soldados sin que ataquen a otras zonas.

Hasta este punto la inflamación nos parece bien. Entendemos cómo funciona y por qué ocurre. Además, cuando todo va bien la molestia de la inflamación es transitoria. Una vez curada la herida o resuelta la infección, los sistemas linfático y circulatorio se encargan de limpiar la escena de los restos del combate, permitiendo que el tejido funcione como siempre.

A pesar de sus virtudes, mientras está presente, la inflamación es muy molesta. Cuando un tejido se inflama mucho, una consecuencia es que se presionan terminaciones nerviosas que se convierten en señales de dolor en nuestro cerebro. Esto es muy adaptativo, ya que es una forma de que activemos una conducta de sanación.

Pero la evolución no ha dejado todo en manos del sistema inmune, ya que si nos hacemos un esguince, la señal de dolor al pisar nos avisa de que hagamos reposo y adaptemos la forma de caminar para no empeorar un tejido que está en reparación. Aunque por lo general, una vez detectada la molestia, solemos tomar medidas para ayudar al proceso de sanación.

Cuando tenemos una infección bacteriana nos encargamos de tomar antibióticos que nos ayudan a combatirla. Por supuesto, la inflamación o la fiebre nos ayudan también, y es por esto que no es recomendable abusar de medicamentos antiinflamatorios o antitérmicos si no han sido recetados por un prescriptor colegiado, de la misma forma que no se deben tomar antibióticos a la ligera ni recetarlos. Hay que darle una oportunidad de funcionar al sistema inmune y ayudarlo solo en aquellos casos en los que es necesario para resolver el curso de la enfermedad sin un sufrimiento desmedido.

Por desgracia, la respuesta inflamatoria se deteriora. Junto al envejecimiento del sistema inmune aparece un deterioro en los mecanismos proinflamatorios que pueden afectar al alza o a la baja, es decir, reaccionando mucho o nada.

La ciencia ha asociado al envejecimiento un bajo grado de inflamación. La consecuencia de esa inmunosenescencia es un deterioro en la respuesta primaria de nuestras defensas. El sistema inmune innato decide ponerse en alerta constante. Sin que exista ningún estímulo, los macrófagos y neutrófilos funcionan, dando lugar a niveles de inflamación constantes en el cuerpo. Esto ocurre porque se activa una secreción continua de citoquinas debida a la presencia incesante de cargas de antígenos a nivel celular.

Si vamos a señalar responsables, deberíamos apuntar al timo. Con ese nombre no se esconde mucho, pues a poco que empiezan a pasar los años te deja tirado y deja de funcionar adecuadamente. Si tuviese una función menor no pasaría nada, pero este órgano alojado en la garganta empieza a sufrir una involución que lo convierte en protagonista del *inflammaging*.

El timo del cáncer

En el timo, además de algunas hormonas, se produce la maduración de unas células del sistema inmune que no he mencionado hasta ahora pero que resultan importantísimas: los linfocitos T. Estas células son un tipo de glóbulo blanco y resultan imprescindibles para la función del sistema inmunitario adaptativo. Se forman en la médula ósea y viajan hasta el timo para madurar y estar listos para combatir no solo infecciones, sino también procesos tumorales.

Como ya sabes, las células invasoras no son las únicas que nos pueden hacer daño. Nuestro sistema inmune también combate a esas células egoístas que han decidido empezar a replicarse sin parar dando lugar al cáncer. Por suerte, las células T están especializadas en ir a aniquilar a esas tropas insurgentes y forman parte de los múltiples mecanismos que a diario nos curan el cáncer, antes de que aparezca o de que resulte perjudicial para un tejido.

Durante el envejecimiento del sistema inmune, el timo nos deja tirados y comienzan a verse células T disfuncionales. Como el resto de las células senescentes, se bloquean en una fase del ciclo celular sin llegar a replicarse, adoptan formas anormales y se vuelven resistentes a la apoptosis. Vamos, que se convierten en el perro del hortelano, que ni comen ni dejan comer, lo que nos deja mucho más vulnerables a la aparición de tumores que no podemos combatir de forma natural.

El cáncer y el envejecimiento van de la mano. Durante mucho tiempo se señaló que la vida moderna era la que estaba ocasionando un gran aumento de los tumores en el siglo pasado.

Aunque a continuación veremos muchos factores ambientales que pueden causar tumores, lo que podemos ir asentando es la noción de que no solo han mejorado mucho los diagnósticos y cribados de cáncer, y el acceso a la sanidad para llevarlos a cabo, sino que el aumento en la esperanza de vida de la población mundial ha hecho que la gente viva más años, en los que no solo hay más errores a nivel celular que pueden derivar en la proliferación de células tumorales, sino que el sistema inmune envejece y pierde la capacidad de combatir a esas células. Si todos viviésemos suficientes años, tarde o temprano desarrollaríamos un tumor que nuestro sistema inmune no podría combatir por culpa de la inmunosenescencia y del *inflammaging*.

Enfermedades autoinmunes

El envejecimiento no es la única circunstancia que estropea el funcionamiento del sistema inmune. Podríamos decir que las alergias son una tara en nuestro sistema, como cuando el cuerpo decide que el polen o los cacahuetes son letales, y reacciona al contacto con ellos dando una respuesta inflamatoria desmedida, que puede llegar incluso al shock anafiláctico o a la muerte.

Las enfermedades autoinmunes son otro cortocircuito del sistema inmune, en el que hace algo incluso más retorcido: en lugar de decidir que un inofensivo cacahuete nos puede matar, se vuelve *conspiranoico*, por lo que los soldados empiezan a disparar a los habitantes y estructuras del castillo. Esto ocurre en enfermedades como la artritis reumatoide, el lupus, la diabetes tipo I o la esclerosis múltiple.

Algunas enfermedades autoinmunes aparecen desde el nacimiento o a edades muy tempranas. De esto también tiene culpa el timo,

porque es allí donde las células T aprenden a
distinguir lo propio de lo ajeno, estudian a
quién deben atacar, y si el timo no las pre-
para adecuadamente, empiezan a arreme-
ter contra lo que no deben, como ocurre
en el caso de la diabetes tipo I cuando van
a por las células del páncreas que producen
insulina.

También hay enfermedades autoinmunes
que aparecen después de una infección grave que
deja al sistema inmune desorientado y con una respuesta exagerada
ante nuestros propios tejidos. Pero es importante entender que la
inflamación causada por el envejecimiento no se considera una enfermedad autoinmune, sino un deterioro en la respuesta inmune en
sí misma, que no actúa contra ningún tejido en concreto. Simplemente
da un bajo grado de inflamación generalizada, que se ve en nuestro
cuerpo en forma de células del sistema inmune envejecidas y niveles
de citoquinas y moléculas proinflamatorias más elevadas.

Hay científicos que apuntan a que este bajo grado de inflamación
podría resultar adaptativo, pues compensa el enlentecimiento en la
respuesta inmune propio de la edad. Pero este es un campo en el que
falta todavía mucho por aprender. El *inflammaging* está de moda,
pero la evidencia al respecto es joven todavía y los tratamientos no
están definidos. Lo que sabemos seguro es que el *inflammaging* es
algo característico del declive del cuerpo y que, dependiendo de la
experiencia vital y del funcionamiento del mismo, nuestro sistema
inmune podrá aguantar joven más o menos años.

CAPÍTULO 11

La homeostasis y el equilibrio corporal

En este punto hemos avanzado a la escala corporal. Ya estamos hablando del envejecimiento de órganos, sistemas, inflamación, enfermedades, etc. Hemos visto que cuando te das un golpe aparecen células al rescate para protegerte y cuidarte, o que si surge una célula tumoral, el sistema inmune va a eliminarla del tejido.

Ha llegado el momento de preguntarnos cómo sabe el cuerpo lo que tiene que hacer.

Cuando se trata de la escala microscópica, es fácil entender que una célula toma alimento del entorno o se reproduce ante señales del mismo que le resultan adecuadas. Sin embargo, ¿cómo decide el cuerpo qué células alimenta? ¿Cómo se decide quién se replica en un tejido o si hay que aumentar la temperatura corporal y dar lugar a una fiebre?

¿Qué es eso de la homeostasis?

Nuestro cuerpo se va organizando jerárquicamente, desde la célula hasta el organismo completo.

Las células constituyen tejidos; los tejidos, órganos, los órganos se organizan en sistemas y los sistemas de órganos constituyen nuestro cuerpo. Un ejemplo de esto es el sistema circulatorio. Tenemos células en nuestras venas o en nuestro corazón que juntas componen el tejido que recubre las paredes de las venas o del propio corazón. Los tejidos del corazón constituyen el órgano, y si sumamos todas las estructuras que distribuyen la sangre por el cuerpo, tenemos el sistema circulatorio.

Los sistemas del organismo han de trabajar en conjunto. A pesar de tener las tareas muy diferenciadas, las células del cuerpo han de remar todas a la vez. Imagínate el nivel de desastre si las células de los músculos deciden activarse justo cuando tu sistema nervioso quiere dormir. Para evitar que esto ocurra necesitamos una organización detallada y coordinada.

El estado de equilibrio entre todos los sistemas de nuestro cuerpo necesario para que sobrevivamos y funcionemos de forma adecuada se llama homeostasis.

Nuestro cuerpo está sometido a un montón de señales del ambiente e internas que condicionan nuestra supervivencia. Desde una alarma del despertador hasta una luz de un semáforo o señales de

hambre, está constantemente recibiendo información a la que hay que responder para sobrevivir.

La homeostasis se encarga de ajustar determinados valores, como nuestra presión arterial, el nivel de azúcar en sangre, los electrolitos, las hormonas, el oxígeno, la temperatura, etc. Es como si se tratase de un sistema de domótica programado para que todo funcione bien; y si hay algún desajuste transitorio, podamos volver a los valores saludables de estos parámetros. Por ejemplo, cuando hace mucho calor sudamos y el cuerpo nos pide beber para recuperar agua y sales minerales.

La red de comunicaciones corporal

A pesar de que hablamos de sistemas como el cardiovascular o el digestivo, la información viaja directamente entre las estructuras de esos sistemas. Las señales van desde estructuras emisoras a estructuras receptoras. Podríamos decir que los sistemas corporales tienen departamentos de comunicación que ayudan a esa coordinación. Siendo la homeostasis algo tan importante, no podemos esperar que una célula pare de secretar moco para procesar una señal de que hay que hacer más moco.

Los departamentos de comunicación de los órganos hablan entre sí a través de lo que en inglés se conoce como Inter-Organ Communication (IOC), es decir, Comunicación Entre Órganos. Como CEO está cogido, aquí vamos a usar IOC.

La comunicación entre órganos es el mecanismo base para mantener la homeostasis y se construye gracias a cuatro pilares:

- Señalización hormonal.
- Factores circulatorios.
- Señalización de orgánulos.
- Redes neuronales.

Con estas cuatro vías, se erige la orquesta de nuestro metabolismo y funcionamiento corporal. Y, como en toda orquesta, necesitamos un director.

Sistema nervioso

Quiero creer que no es mi formación en neurociencia la que me sesga para afirmar que el sistema nervioso es el protagonista de la homeostasis. No lo hace solo, por supuesto, eso sería como si el director de orquesta no tuviese músicos: nada podría ocurrir sin ellos. Sin embargo, sin el director no funciona la orquesta. Es importante señalar que hay un subdirector importantísimo, el sistema endocrino. De hecho, muchas veces se habla directamente de un sistema neuroendocrino porque trabajan en una sinergia tan perfecta que no siempre tiene sentido separarlos.

En esta ocasión separaré el sistema nervioso y el endocrino para entenderlos más en profundidad y por la relevancia que ambos tienen en el proceso de envejecimiento. Y empezaré por el sistema nervioso porque es mi favorito, ya lo he dicho.

El sistema nervioso se divide en dos. O más bien lo dividimos al estudiarlo para categorizar y entender mejor cómo funciona.

Por un lado, está el sistema nervioso central, compuesto por el encéfalo y la médula espinal. En el encéfalo, alojado en nuestra cabeza, están el cerebro y el cerebelo. Esta parte del sistema nervioso se encarga de centralizar y procesar la información de entrada y salida de nuestro cuerpo.

Saliendo del sistema nervioso central encontramos el sistema nervioso periférico, compuesto por todos los nervios y neuronas que parten de la médula espinal al resto de los órganos del cuerpo.

Se trata de un sistema ramificado que conecta todo lo que está pasando en el cuerpo. Se encarga de recoger las señales de temperatura exteriores e interiores, los cambios de pH, la humedad, la luz, el sonido, nuestra posición con relación al entorno, el gusto, etc. Todas esas señales entran a través del sistema nervioso periférico y van al sistema nervioso central. Allí, la médula o el cerebro procesan la información y envían una señal de respuesta. Es por esto que el sistema nervioso funciona tanto recibiendo mensajes como enviándolos de vuelta.

El director de la orquesta de la homeostasis y de todo este sistema de mensajería se llama hipotálamo, y se aloja en el centro del cerebro.

Cuenta con un laboratorio que va leyendo todo lo que hay en nuestro cuerpo. Es como un sistema de analíticas que va leyendo la información de nuestra sangre y según la lectura emite una orden que viaja a través de los sistemas nervioso y endocrino para mandar una misión a las células de algún órgano o tejido.

Por ejemplo, cuando las células del sistema inmune detectan intrusos, generan una respuesta en forma de moléculas en nuestra sangre que avisan al cerebro. En el hipotálamo aparece una información que le hace decidir que es hora de subir la temperatura corporal y de dar lugar a un proceso inflamatorio. Para subir la temperatura corporal se mandan dos instrucciones diferentes: evitar la pérdida de calor y aumentar la temperatura corporal; como cerrar las ventanas y poner la calefacción. Esto lo consigue gracias a aumentar el metabolismo, cerrar los vasos sanguíneos de la periferia corporal y provocar contracciones musculares que producen calor. Estas instrucciones llegan a distintos tipos de tejidos, y todo está coordinado por el hipotálamo después de ver la lectura de ciertas moléculas en la sangre ante las que debe desatar una fiebre.

Sistema endocrino

Cuando hablamos de endocrino muchas veces pensamos en un médico que atiende a personas con problemas de hipotiroidismo o diabetes. No vamos desencaminados, ya que estas son patologías que la endocrinología estudia y trata porque afectan al sistema endocrino.

Contamos con una red biológica de comunicación y regulación homeostática que opera a través de mensajeros químicos. Tenemos órganos en el cuerpo que liberan moléculas y participan en esa comunicación entre órganos. Estas moléculas son las famosas hormonas, sustancias secretadas por glándulas especializadas que son transportadas, generalmente, a través del torrente sanguíneo e influyen en nuestra vida a todos los niveles. No solo regulan el metabolismo o el crecimiento —como ya vimos con la hormona del crecimiento—, también median en la reproducción, en el estado de ánimo, en la práctica deportiva, en el apetito, en el sueño y, cómo no, en el envejecimiento.

El funcionamiento de una hormona requiere de muchos pasos, más allá de los imprescindibles para que esta se sintetice en su origen. Por ejemplo, ha de ser transportada hasta su órgano diana. Una vez que la hormona llega al tejido se topa con receptores en la membrana de la célula a la que quiere enviar el mensaje, y una vez que se conectan se produce un efecto en cadena dentro de la célula. La hormona no llega a entrar en las células, sino que toca ese receptor y da lugar a una nueva cadena interna de mensajes, que va desde el interior de la membrana hasta el núcleo de la célula. Allí se da aviso al ADN, y este va a trabajar con ayudantes del núcleo celular para producir proteínas que ponen en marcha la respuesta celular a esa hormona.

El sistema endocrino es esencial para la homeostasis: mantiene la estabilidad del medio interno en respuesta a cambios del entorno. Sus glándulas, como la hipófisis (alojada justo debajo del hipotálamo), la tiroides, las suprarrenales y el páncreas, funcionan como fábricas hormonales que liberan señales específicas en momentos clave para coordinar respuestas fisiológicas.

Como neurocientífica quiero insistir en que el sistema endocrino está íntimamente vinculado con el sistema nervioso a través del eje hipotálamo-hipófisis, en una conexión más íntima que las que se forman en *La isla de las tentaciones*, que traduce señales neuronales en respuestas hormonales. Esta interacción influye en emociones, comportamientos y adaptación al estrés. Así, el sistema endocrino no solo regula funciones básicas del cuerpo, sino que también participa en procesos tan complejos como la memoria, el estado de ánimo y la toma de decisiones.

La visión sobre el sistema endocrino se amplía a medida que avanza la investigación. Además de hablar de la hipófisis, la tiroides, las glándulas suprarrenales y el páncreas; de otras estructuras que tradicionalmente se habían categorizado como órganos no endocrinos —como la grasa, el músculo o el hueso— hoy en día sabemos que envían señales a las demás para mantener la homeostasis corporal.

No solo las hormonas, sino que factores humorales como las citocinas, los metabolitos, las señales de las mitocondrias o estructuras como el microARN contribuyen a lo que conocemos como salud metabólica y regulación del envejecimiento a través de esa comunicación entre órganos.

Para cerrar el círculo de esta explicación recuperamos el hipotálamo como centro de coordinación de la comunicación entre órganos y, por lo tanto, contribuidor crítico al metabolismo y al envejecimiento.

El hipotálamo y todos los sistemas mencionados, así como el resto del organismo, envejecen. Como ocurría con el sistema inmune, las estructuras del sistema endocrino y nervioso pierden capacidad de regenerarse y funcionar bien, lo que da lugar a un declive en la función y un envejecimiento que, paradójicamente, acelera el envejecimiento del resto de los tejidos.

Cuando no hay una buena coordinación entre las estructuras corporales empiezan a surgir fricciones en el cuerpo que dan lugar a estrés en las células, inflamación, desgaste del sistema inmune, errores celulares y, en definitiva, un efecto en cadena que acelera el envejecimiento.

El problema que tenemos hoy en día es que no vivimos en un contexto que permita que el tiempo sea lo único que deteriora nuestra homeostasis y los sistemas de regulación. Se dan factores externos que irrumpen en la capacidad que tiene el organismo para regular la homeostasis y en el buen funcionamiento del sistema endocrino. En los últimos años se han hecho muy populares y vamos a analizarlos para conocer las amenazas a nuestra longevidad: vamos a hablar de los disruptores endocrinos.

¿Qué son los disruptores endocrinos?

De forma natural o por la actividad del ser humano, el medio en el que vivimos acaba contaminado por compuestos que interrumpen el funcionamiento de nuestro sistema endocrino. Los llamamos disruptores endocrinos y cada vez despiertan más preocupación en la sociedad.

La precisión a la hora de hablar del sistema endocrino es fundamental. Los órganos funcionan como profesores que no van a aprobar las opciones marcadas con cruces si el examen ponía que había que RODEAR la opción correcta. Si el ovario necesita una hormona para iniciar la estimulación de un folículo, no le vale otra. La estructura ha de estar intact, o ya no va a encajar en el receptor de la señal para que se active el proceso.

En nuestro cuerpo, las señales del sistema neuroendocrino —tanto los neurotransmisores como las hormonas— funcionan como llaves con cerraduras específicas. Esto es una suerte, ya que sin un mecanismo tan específico, una hormona que viaja por la sangre con la misión de estimular el aumento del ritmo cardíaco podría desatar en otro tejido que empiece la ovulación, por ejemplo. Es imprescindible que cada llave sirva solo en su cerradura para que el sistema funcione adecuadamente.

Como con las llaves de las puertas, existen moléculas y hormonas muy parecidas, pero siempre hay algo, una pieza, un elemento, que las hace únicas, y por ello nunca podrán cumplir exactamente la misma función.

Una desearía que las llaves parecidas con capacidad de abrir, aunque fuese accidentalmente, una puerta que no es la suya estuviesen en edificios muy separados, ¿no? Incluso en países distintos. De esta manera, la posibilidad de que una persona entre en tu casa, accidental o intencionadamente, se reduce casi a cero. O casi cero (nunca es cero).

Para nuestro beneficio y desgracia simultánea, los humanos no somos los únicos con llaves. En el resto de las especies animales y también en las vegetales hay un montón de hormonas, neurotransmisores y moléculas que trabajan mediando en la homeostasis de esos organismos. La naturaleza no es tan creativa como nos gustaría, y el hecho de que todos los seres vivos provenimos a nivel evolutivo de ancestros comunes hace que tengamos unas llaves muy parecidas para funcionar.

Se estima que las moléculas a partir de las cuales se desarrollaron las primeras hormonas, las esteroideas, estaban hace ya unos 4.000 millones de años. Es ahí cuando se cree que aparecen las primeras moléculas orgánicas. La Tierra se formó hace 4.500 millones de años y, en relación con la edad de nuestro planeta, las hormonas llevan casi casi desde el principio de la vida en él.

Es mucho lo que hemos aprendido de las hormonas en los últimos años. Hace cien no sabíamos ni que existían. Desde entonces ha despegado la investigación hasta el punto de que hoy en día existe la disciplina de la endocrinología evolutiva.

Entender el origen y los mecanismos de las hormonas y su evolución es muy importante en la investigación para tratar patologías del sistema inmune y conocer potenciales disruptores endocrinos.

Cuando una llave (hormona) muy parecida entra en nuestro organismo tiene la capacidad de afectar al funcionamiento de nuestro sistema endocrino y de nuestra homeostasis. Muchas veces lo único que hacen es quedarse atascadas en la cerradura e impedir que tu llave entre y puedas estar en tu casa y funcionar bien. Esta es la parte que me parece una desgracia. Nada peor que tener ganas de llegar a tu sofá y haber perdido las llaves.

¿En qué casos resulta beneficioso que entre en nuestro cuerpo una llave parecida? El ejemplo de quedarse sin llaves es muy bueno: si estás en la calle tirada y justo aparece una coreana que tiene una llave casi idéntica a la tuya, estoy segura de que será motivo de celebración y salvación. Podrás entrar en tu casa y cumplir tu propósito inicial: tumbarte a gustísimo en el sofá.

Una situación en la que nos resulta beneficioso que entre una molécula infiltrada en nuestro cuerpo es en el caso de la cafeína. Tu cerebro sintetiza a lo largo del día una molécula llamada adenosina, cuya función es ir poco a poco cansándote. Cuanto más funciona el cerebro, más adenosina se sintetiza y más atontado estás, porque se va uniendo a unos receptores (cerraduras) que activan una señal de cansancio y somnolencia. Cuando hay suficientes receptores llenos de adenosina, acabas echándote a dormir.

Resulta que la molécula de la cafeína es muy parecida a la adenosina. Lo suficiente para llegar al cerebro y unirse a los receptores de la adenosina. Se une al receptor pero no es tan parecida como para activar el mismo efecto, por lo que simplemente bloquea la cerradura e impide que se active la señal de cansancio y somnolencia. Este efecto nos resulta beneficioso si queremos trabajar, vivir y funcionar más horas de las que la cabeza nos permite.

Una vez comprendido cómo se infiltran las moléculas externas en nuestro cuerpo e interfieren en su funcionamiento, ya podemos explicar lo que son los disruptores endocrinos: son aquellos compuestos que interrumpen el funcionamiento del sistema endocrino y que están en el ambiente en el que vivimos, bien por causas naturales o por actividades del ser humano.

Si afinamos un poco más la definición, diremos que son sustancias que potencialmente pueden interferir en el sistema endocrino. No tienen por qué hacerlo, ni hacerlo de la misma manera en todas las personas, pero tienen la capacidad de imitar, obstruir o interferir con la habilidad de las hormonas de hacer sus cosas, y eso puede afectar a la salud.

La protección del medioambiente empieza a ser un tema candente para las organizaciones gubernamentales, que exigen control sobre estos disruptores. De acuerdo con la EPA, Environmental Protection Agency, los disruptores endocrinos son «agentes exógenos que interfieren en la síntesis, secreción, transporte, metabolismo, mecanismo de unión o eliminación de las hormonas naturales responsables de la homeostasis, reproducción y desarrollo».

Quiero hablaros de la indignación que me fue surgiendo a medida que me documentaba para este apartado. Una lee los *papers* y va viendo que hay BPA (bisfenol A) en botes cosméticos, ftalatos en pintauñas y perfumes, parabenos en cremas y champús… De hecho, el National Health and Nutrition Examination Survey mostró que las mujeres nos exponemos frecuentemente a muchos químicos que se encuentran en productos de cuidado personal,

básicamente porque usamos muchos más. Se cree que estos tienen impactos en los sistemas reproductivos de las mujeres, como retrasar la pubertad, el cáncer de pecho en mujeres jóvenes, la infertilidad, las menstruaciones irregulares… Bueno, tampoco vamos a angustiarnos ahora.

¿Qué efecto tienen los disruptores endocrinos en nuestro cuerpo?

Imagina que una hormona llega a una célula. Tiene un receptor esperando en la membrana, como hueco con la forma de la hormona para que se pegue ahí. Cuando lo hace, del otro lado de la membrana se activa un efecto dominó de reacciones que llegan al núcleo celular y hablan con el ADN. Según cada hormona, el ADN produce un tipo de proteína que luego provocará algo en tu cuerpo: darte hambre, darte fiebre, activar tus defensas, hacer que ovules, que crezca tu músculo, etc. Cuando un disruptor endocrino corre por la sangre y llega a los tejidos, si encuentra ese huequito, y cabe, se pega ahí. Como hemos visto, no es con maldad ni intención, simplemente esa molécula tiene afinidad por esa parte de tu cuerpo, como un imán. Y ahí, como te contaba, pueden pasar muchas cosas: que impida el mecanismo de la hormona, que active un efecto dominó distinto, que haga que produzcas mucha más hormona…

Hay cuestiones que nos resultan indiferentes para la salud al respecto de los disruptores endocrinos. Para nuestro bienestar, no nos importa si entramos en contacto con un disruptor de origen natural o humano, lo importante es qué es lo que va a hacer en nuestro cuerpo. Esto lo explico para evitar la demonización de lo artificial y la vanaglorización de lo natural. Como me dijo Sergio, un maravilloso jefe que tuve hace años: «el veneno es natural».

La ciencia ha estudiado durante años los disruptores endocrinos, pero generalmente los llamamos tratamientos.

Piénsalo, ¿cuántos medicamentos o infusiones naturales tomamos que influyen en nuestro sistema endocrino? Son muchísimos y están irrumpiendo en su función. Que sea un efecto deseable y buscado no quiere decir que no se trate de un disruptor endocrino. Por definición y funcionamiento sí que lo sería. Sin embargo, cuando hablamos de disruptores endocrinos nos enfocamos más en los efectos perjudiciales que muchos pueden tener en el organismo. No me parece mal. Creo que si llamáramos a todo «disruptores endocrinos», esta parte del libro no generaría tanto interés ni estaríamos tan preocupados por protegernos frente a ellos, y deberíamos.

La exposición a los disruptores endocrinos se ha asociado con impactos negativos en los humanos, causando trastornos en el desarrollo, en la reproducción y problemas neurológicos. Así que vamos a encararnos a ellos. Vamos a ponerles nombres y apellidos para protegernos de sus efectos.

Mi principal objetivo es proporcionar un mensaje concreto en cuanto a los disruptores endocrinos. Este puede ser un apartado delicado, pues podríamos desatar aquí una alarma desmedida que nos provoque más ansiedad y perjuicios vinculados a ella. Pero vamos a verlo todo con calma y mesura, y después analizaremos cómo podemos protegernos de forma colectiva y estructurada de los efectos nocivos de estas sustancias. Vamos a empezar abordando algunos de los disruptores endocrinos más habituales en la naturaleza y luego hablaremos de aquellos que tenemos que agradecer a la mano humana.

Disruptores endocrinos naturales

En los disruptores naturales encontramos una familia que llamamos fitoestrógenos. Siempre que encontremos el prefijo *fito* debemos pensar en algo que tiene su origen o está relacionado con las plantas. Por ejemplo, la palabra «fitoestrógenos» nos dice que son estrógenos de origen vegetal.

Los fitoestrógenos más abundantes son las isoflavonas. Son de grandísima relevancia en este apartado no solo por ser los más abundantes, sino por ser los más potentes. Los podemos encontrar en concentraciones elevadas en la soja y algunos de sus derivados, como la harina de soja, la leche de soja o el tofu. También aparecen en menor cantidad en legumbres como las lentejas y los garbanzos.

¿Son perjudiciales las isoflavonas? Pues ya viene esta gallega a decirte que depende.

Las isoflavonas se parecen al estradiol, que conocemos popularmente como estrógeno. Esta hormona es muy influyente en el sistema reproductor y también en otras estructuras del cuerpo de las mujeres. En el cuerpo, el estradiol tiene afinidad por dos tipos de receptores o cerraduras: los alpha y los beta.

Los receptores alpha están más orientados con la función reproductiva y los ovarios, mientras que los beta interfieren en otras funciones relacionadas con los huesos, el sistema inmune o incluso la apariencia de nuestra piel.

Los fitoestrógenos de origen vegetal como las isoflavonas tienen más afinidad por los receptores beta, por lo que, *a priori*, el consumo de productos ricos en estas sustancias no debería influir en nuestros sistemas reproductivos. Lo que ocurre es que los estudios científicos, si bien han detectado mayor afinidad por los beta, nos señalan que también tienen la capacidad de unirse a los receptores alpha.

Dependiendo de los niveles y mecanismos de cada persona con relación al eje reproductivo, el consumo de productos con isoflavonas podría estar o no recomendado. En muchos casos pueden suponer un tratamiento natural para algunas anomalías en el funcionamiento hormonal, pero, en cualquier caso, deberían venir recomendadas por un profesional de la salud si lo que buscamos es tratar una patología o malestar.

Los disruptores endocrinos tienen el potencial de interferir en nuestro sistema endocrino, pero no siempre lo hacen. Esta conclusión, que puede resultar desalentadora, arroja mucha luz. El conocimiento de estos posibles mecanismos nos puede ayudar a nosotros, o a un profesional de la salud, a dilucidar si algo está funcionando mal.

Por ejemplo, si no sabes que el consumo de productos derivados de la soja tiene el potencial de influir en tu regulación hormonal, podrías no tener en cuenta ese factor al informar a tu médico de tus hábitos de consumo. En cualquier caso, un buen profesional de la salud lo tendrá en cuenta a la hora de entrevistarte. Pero vamos a asumir que el conocimiento es poder, por si acaso.

Otro fitoestrógeno que podemos encontrar en productos de origen natural son los lignanos. Son los segundos con más capacidad de influencia en nuestro metabolismo, por detrás de las isoflavonas, y son muy conocidos por su efecto antioxidante.

La fuente principal de estos compuestos fenólicos son las semillas de lino y también, aunque en menor medida, las semillas de sésamo.

Si buscamos beneficiarnos de esos antioxidantes (más adelante hablaremos de esto de la oxidación y de si es necesario o no «antioxidarnos» tanto), también los hallaremos en cantidades moderadas en cereales como el trigo y la cebada, en el aceite de oliva, en frutas como las cerezas, las manzanas, las peras, los albaricoques secos y en otros vegetales como el perejil, la zanahoria o el ajo. Evitando como siempre los excesos, todos estos productos son nutritivos, por lo que suelen estar recomendados en las guías de nutrición, a no ser que alguien tenga alguna patología que impida su consumo.

Terminando con los fitoestrógenos, los cumestanos son los de menor interés y se encuentran en la alfalfa, algo que yo personalmente no he probado en mi vida y tampoco me suscita gran interés. La verdad es que menciono los cumestanos porque me gusta el nombre y nada más.

Los fitoestrógenos tienen interés a la hora de abordar el envejecimiento, ya que bien utilizados, con el asesoramiento de un experto en nutrición y salud, pueden utilizarse no solo para abordar patologías relacionadas con el sistema reproductivo, sino para funcionar como un apoyo en ese momento de la vida en el que el cuerpo inicia un declive en la producción natural de hormonas como el estrógeno.

Cada vez hay un auge mayor de terapias de reemplazo hormonal, normalmente aplicadas a personas de más de 50 o 60 años a las que se les administran moléculas similares a estrógenos y testosterona para retrasar el declive que desencadena la reducción de estas hormonas a nivel de vitalidad. Recordemos que la vitalidad y la longevidad no son siempre equiparables, y que un exceso de testosterona nos puede dar mucha vitalidad; pero dilatar los niveles toda nuestra vida puede incrementar la velocidad a la que envejecen las células.

Antes de hablarte de otros disruptores endocrinos que puedes encontrar en la naturaleza déjame insistir en que si te preocupa tu longevidad, debes asesorarte adecuadamente por profesionales de la salud y no tomar suplementos ni tratamientos por tu cuenta.

Las plantas no son el único reino con capacidad de producir sustancias que interfieren en nuestro funcionamiento. Los hongos —como las setas, los champiñones o los que proliferan en los productos de agricultura— tienen la capacidad de segregar disruptores endocrinos.

Las micotoxinas son metabolitos secundarios que se producen cuando almacenamos durante largos periodos de tiempo productos de agricultura. Los hongos proliferan en las frutas, verduras y cereales, y si no se conservan adecuadamente, empiezan a reproducirse y a secretar estas toxinas. El impacto de estas sustancias en la salud está despertando preocupación tanto en el bienestar animal como humano.

Se han detectado más de 400 tipos distintos de micotoxinas. No todas tienen la capacidad de funcionar como disruptores endocrinos, pero la investigación al respecto es todavía incipiente. La buena noticia es que se están desarrollando biosensores para detectar la producción de estas micotoxinas y eliminar las contaminaciones de los procesos de almacenamiento.

Los hongos que aparecen en la cadena alimentaria no son los únicos que pueden afectarnos. En nuestras viviendas y espacios de trabajo pueden aparecer, fruto de la humedad y las condiciones de temperatura adecuadas, poblaciones de hongos que también secretan micotoxinas que, dependiendo del tipo o cantidad, podrían afectar a nuestro sistema nervioso y endocrino.

Este apartado lucía bonito cuando nos imaginábamos a lo que se conoce hoy en día en internet como una *almond mom* o un *almond dad*, consumiendo productos derivados de la soja o semillas de lino para mejorar su salud y apariencia de la piel. Sin embargo, cuando nos vamos a la otra cara de las preocupaciones personales —la que nos suscita la angustia de vivir alquilados en un edificio con ventanas del boom inmobiliario de los años setenta, vistas a un patio interior y humedades como para llamar a un exorcista—, los disruptores endocrinos ya no están de nuestra mano. No somos dueños de decidir si tomamos o no una dieta más nutritiva que mejore nuestra función endocrina; pero no nos queda otra alternativa que intentar quitar la humedad como buenamente podamos para combatir el moho. Lo ideal sería cambiar las ventanas, arreglar la fachada y regular la temperatura y humedad de la casa con sistemas de aerotermia sostenibles. Pero no todo el mundo tiene acceso ni a esos recursos ni a esas viviendas, expuestas sin voluntad ni remedio a esos disruptores endocrinos y a los posibles efectos adversos que tengan sobre la salud y longevidad.

Disruptores endocrinos sintéticos

Intencionadamente empecé con los de origen vegetal para que no nos volvamos locos con que todo lo que hace el hombre es malo. También hay cosas que nos pueden hacer daño en los productos naturales, y por eso no debemos acudir a todo lo que nos recomiendan en redes, como suplementos naturales y remedios caseros, como si eso fuese equiparable a un bienestar garantizado.

Dentro de los disruptores endocrinos sintéticos podemos hablar de muchísimos medicamentos, pero como asumimos que esos los tomaremos de forma prudente y asesorados por profesionales de la salud, vamos a hablar aquí de todos aquellos disruptores que son producto de la mano humana y que no están diseñados para mejorar nuestra salud.

La mayor parte de los disruptores endocrinos sintéticos con los que interactúa nuestro cuerpo en el día a día están ahí como resultado de un proceso industrial. Son sustancias que se necesitan para obtener un resultado en un producto que suele mejorar la calidad del mismo o la experiencia de uso.

No es que las industrias empezasen a diseñar procesos de fabricación que incluyen disruptores para nuestro sistema endocrino de forma intencionada. Como mencioné anteriormente, el conocimiento del sistema endocrino tiene unos 100 años de antigüedad, y el de que existen sustancias en el entorno que pueden interferir en su funcionamiento es mucho más reciente.

Cada vez vamos encontrando más sustancias presentes en los utensilios del día a día que podrían estar interfiriendo en nuestro bienestar y longevidad. Por suerte para todos, la evidencia científica nos ayuda a despertar una preocupación social que estimula a la industria a presentarnos alternativas inocuas.

Envases de plástico

Si este libro ha caído en tus manos, es posible que estés interesado en cuestiones de salud y hayas recibido en algún momento la recomendación de alejarte de los recipientes que contienen BPA. La sigla BPA hace alusión a un químico sintético llamado bisfenol A. Este compuesto apareció en los años sesenta como un gran avance para la fabricación de plásticos y resinas.

Es común que el BPA se emplee en la fabricación de *tuppers*, botellas, botes de crema, envases de comida, tapones, material médico, etc. El problema de este compuesto es que, con los usos, sobre todo con los malos usos, el plástico se deteriora y va cediendo pequeñas cantidades al contenido de estos recipientes. Dado que los contenidos son para consumo humano —comida, cremas o bebidas—, esos bisfenoles se han encontrado en análisis de tejidos humanos.

Su aparición en los tejidos no es el problema, sino que se ha señalado que estas sustancias tienen un alto potencial de ser disruptores endocrinos responsables de quistes ováricos, infertilidad o cáncer de mama, entre otras patologías.

En la década de los sesenta poco o nada se sabía de lo perjudiciales que podrían llegar a ser estos compuestos. Hoy en día, a pesar de saberse estos riesgos y de desconocer la dimensión de los mismos, se siguen utilizando en los envases que se nos ofrecen a diario en supermercados, restaurantes y tiendas.

La culpa no es solo de la industria. Estos recipientes suelen tener instrucciones de uso y de conservación para garantizar la máxima seguridad. Por ejemplo, muchas botellas de agua no se pueden reutilizar y muchos *tuppers* no deben ir al microondas, o no todos los minutos que los dejamos dentro.

En cualquier caso, si tenemos el presupuesto y la oportunidad de utilizar otro tipo de recipientes —como los de vidrio o aquellos que no incluyan BPA, ni otros similares, en el proceso de fabricación—, nos alejaremos de estos disruptores.

Los ftalatos son otros compuestos que suelen estar presentes en plásticos, como el PVC, que pueden llegar a nuestro cuerpo. Se trata de compuestos químicos derivados del ácido ftálico, usados en el proceso de fabricación para aportar flexibilidad y durabilidad al plástico. Fue un avance saber que con según qué compuestos se mezcla el policloruro de vinilo (PVC), se obtienen unas propiedades u otras que están pensadas siempre para las comodidades de nuestra vida. Sin embargo, si se hace un mal uso o producción de este material, su degradación progresiva deriva en contaminación con ftalatos que pueden, una vez más, ocasionar daños en nuestro sistema endocrino.

Al pensar en PVC es posible que pienses solo en tuberías de agua o en ventanas y en que, si se renuevan y se hacen los mantenimientos de forma adecuada a las fichas técnicas de los productos, no debería haber impacto en la salud. Sin embargo, los ftalatos se usan en otros productos, como colonias, cremas corporales o pintaúñas. Revisar las etiquetas de estos productos puede ser interesante para ahorrarse contaminaciones innecesarias.

Personalmente, no soy muy partidaria de obsesionarse con las etiquetas. Pero siendo los productos cosméticos algo que tendemos a consumir con fidelidad, bastaría con mirar la etiqueta la primera vez que los vamos a adquirir y repetir con la marca que nos satisfaga. No sugiero ningún tipo de revisión que deba obsesionarnos, sino ir generando una cultura de consumidores exigentes con los procesos de fabricación.

Otros disruptores con los que convivimos

En cosmética abundan mucho los disruptores endocrinos. A pesar de tratarse de productos que entran en contacto directo con la piel, los compuestos que se usan para dar las fragancias y texturas de muchos productos pueden ser perjudiciales para nuestra salud.

Los parabenos son los más sonados. Creo que son de los primeros disruptores que se han hecho tan famosos. Es más, estoy segura de que nos enteramos antes de la solución que del problema. De repente la televisión estaba llena de anuncios de champú sin parabenos. Yo no sabía lo que era un parabeno, pero desde luego no lo quería en mis productos capilares. Esto también ocurrió con los sulfatos y también nos volvimos un poco locos buscando todos los champús sin sulfatos, a pesar de que son un horror.

Es normal no tener la capacidad de discernir qué cualidades destacadas de un producto son verdaderas y cuáles son puro marketing. Pero a veces la industria hace cosas como poner que una pechuga de pavo no tiene lactosa. ¿Por qué iba a tener lactosa un trozo de pavo cocido? Este tipo de etiquetas nos hablan más del resto de los productos que de sí mismos.

En el caso de la ausencia de sulfatos, nos están hablando de una propiedad que no es necesariamente mejor. Se aprovecha la alarma sobre un compuesto para diferenciarse en el mercado y conseguir ventas.

Los sulfatos se utilizan por el poder que tienen como agente limpiador. Tienen la capacidad de arrastrar la grasa con ellos y por eso se han usado para la fabricación de champús y limpiadores. Son el ingrediente que ayuda a la formación de la espuma.

Lo que debe quedarnos claro de los sulfatos en los productos de limpieza que hay en el mercado —al menos de Europa— es que son seguros y no son tóxicos. El problema que presentan es que, dependiendo del tipo de cuero cabelludo que tenga la

LIBRE DE PARABENOS

(CONTIENE URANIO)

persona y el tipo de sulfato, podría resultar demasiado agresivo y ocasionar daños en la piel. Pero no están considerados disruptores endocrinos.

Retomando a los protagonistas de los anuncios «sin», hablemos de los parabenos. Se emplean como conservantes en la comida y también en productos cosméticos porque impiden la proliferación de microorganismos.

La evidencia al respecto todavía no es muy consistente. Se sabe que pueden llegar a actuar como disruptores endocrinos y se trabaja en alternativas para la conservación. Sin embargo, como reflexión añadiré que en casos en los que no se conoce una alternativa al parabeno en el producto, seremos más longevos consumiéndolo con él que sin él, ya que una infección podría llevarnos por delante antes que un disruptor endocrino.

Otro compuesto con propiedades antifúngicas y antibacterianas es el triclosán (TCS). Se utiliza mucho para productos de limpieza e higiene y, aunque no consumas estos productos, su uso, el contacto con la piel o incluso la inhalación puede hacer que un potencial disruptor endocrino llegue a ti. De hecho, este compuesto se ha asociado con interferencias en el funcionamiento de la tiroides, los ovarios y los testículos.

Es fácil asociar estos disruptores con el envejecimiento, ya que un deterioro en el funcionamiento en la tiroides es como pisar el acelerador en el estrés metabólico. Desregular la homeostasis y que las células empiecen a gripar para ir cuesta abajo. Además, como ya vimos, los estrógenos y la testosterona están asociados a la vitalidad, y su retirada precoz acarrea muchos problemas de salud.

Para acabar de enumerar disruptores quiero añadir los metales pesados y los pesticidas.

El aluminio, el mercurio, el arsénico, el plomo y el cadmio son metales que están en los productos que consumimos y que se acumulan en nuestro cuerpo, causando diversas patologías. Las más comunes son los trastornos metabólicos, la elevada presión arterial y problemas en los tejidos reproductivos.

El aviso más popular que tenemos al respecto de los metales pesados es el consumo de peces muy grandes como el atún, ya que pueden llegar a acumular cantidades significativas. Se debe moderar el consumo de estas piezas grandes y evitarlo en embarazadas y menores de 3 años.

Los pesticidas están diseñados para ser disruptores endocrinos, por lo que aquí no tenemos mucha sorpresa. Estos productos se usan en los cultivos y productos de agricultura para evitar las plagas y favorecer la producción. Están diseñados para, precisamente, interferir en el desarrollo vital de organismos con sistemas endocrinos similares a los nuestros. Se encargan de impedir la reproducción o directamente de matar al animal, por lo que el consumo continuo de productos con cantidades residuales de pesticidas está incorporando a nuestra dieta estas sustancias.

Yo, la verdad, me siento un poco sola en la lucha contra los pesticidas, porque parece que nadie quiere luchar con la ciencia de la mano. Tenemos una alternativa muy buena al uso de pesticidas: los transgénicos.

Los organismos modificados genéticamente, popularmente conocidos como transgénicos, tienen la capacidad de resistir a plagas y mejorar la productividad de los cultivos. Bien empleados suponen un beneficio para los productores y una protección para la calidad del suelo, ya que estaríamos eliminando o reduciendo significativamente el uso de pesticidas.

Te dejo esto para reflexionar porque si empezamos a hablar de los transgénicos, no acabamos. Pero solo aprovecho este espacio para reivindicar que son seguros y que la cruzada europea contra ellos está fundamentada en el miedo a la opinión pública, que por lo que sea es muy reacia a ellos.

CAPÍTULO 12

Nos quedamos sin aire libre

Una sociedad sin escapatoria

Sin querer resultar alarmista, diré que la cosa está para alarmarse. El apartado anterior podría dibujar la ilusión de que el hecho de que los disruptores endocrinos lleguen a nosotros es una cuestión de elecciones de consumidor, recursos o formación académica. Pero muchos contaminantes del ambiente y disruptores nos llegan de forma pasiva, por el hecho de estar, existir y respirar.

Los disruptores endocrinos están en todas partes y es común encontrarlos en partículas de agua, del aire y hasta en el suelo. Y no, no hablo del suelo de las calles asfaltadas, hablo del suelo en el que crecen los árboles y pastan las vacas. La rápida urbanización del planeta, las técnicas y los materiales empleados para ello, están dejando cantidades significativas de estos compuestos en los suelos. También llegan a través de las aguas que arrastran pesticidas o contaminantes de otras regiones.

Hasta el momento, se han detectado más de un millar de químicos con esta capacidad disruptora, pero lo más grave es que se encuentran en muchos productos de uso cotidiano, a saber: juguetes, perfumes, productos cosméticos, aditivos alimentarios, botellas y envases plásticos, latas, tickets de compra, productos electrónicos, muebles, sartenes de teflón en mal estado y pesticidas de uso doméstico. Su amplia y diversa presencia alrededor de las personas, en productos que usamos en la vida cotidiana, pone en peligro el funcionamiento del sistema biológico y genera un perjuicio cuyas consecuencias y soluciones conllevarían un coste altísimo.

Los insultos al medioambiente

Ya llevábamos un rato sin hablar de los *hallmarks* y seguro que los estabas echando en falta. Porque sí, las comunidades científicas que investigan la relación entre el medioambiente y la salud también se han puesto de acuerdo en determinar unas inconfundibles señas de identidad que condensan el impacto en la salud a nivel global de nuestra gestión del medioambiente. Los han llamado «insultos medioambientales» y es una expresión que me encanta.

La contaminación en el aire, en las aguas, en el suelo, en la comida y los asentamientos humanos nos expone a infinidad de estresores químicos y ambientales que afectan a la calidad de vida y a la longevidad de todas las personas. Por supuesto hay poblaciones mucho más vulnerables que otras, pero vamos a ir asumiendo que estamos juntos en este barco, se hunda o flote.

Son nada más y nada menos que siete los insultos medioambientales que en conjunto subrayan los daños que padecemos a lo largo de nuestra vida por estas exposiciones. Aquí van:

- Estrés oxidativo e inflamación.
- Alteraciones genómicas y mutaciones.
- Alteraciones epigenéticas.
- Disfunción mitocondrial.
- Comunicación intercelular alterada.
- Comunidades de microbioma alteradas.
- Función del sistema nervioso dañada.

Esta lista te resultará familiar porque muchos de estos procesos son los mismos que ocurren de forma natural en nuestras células por el paso del tiempo. Lo importante de estos estudios es que nos enseñan cómo el entorno está acelerando este proceso e induciendo de forma severa efectos en la salud, incluso en concentraciones muy bajas.

Contaminación del aire y esperanza de vida

Es común equiparar el aire al oxígeno, cuando, en realidad, el oxígeno es uno de los gases que componen el aire que respiramos. Nuestra atmósfera, lo que llamamos aire, es un gas compuesto principalmente por nitrógeno (78 %) y oxígeno (21 %). Pero no están solos, en la atmósfera aparece vapor de agua, dióxido de carbono, también conocido como CO_2, y argón.

Podríamos decir que la receta de la atmósfera es segura para la vida. Es lo que respiramos, y de todos esos gases nuestros pulmones toman el oxígeno para hacerlo llegar a nuestras células a través del sistema circulatorio. Después, al exhalar, devolvemos el CO_2 que nuestras células emiten.

El aire limpio es un requerimiento básico para la salud y el bienestar humano. Desafortunadamente, el aire que respiramos hoy en día se ha convertido en un contribuidor importante a nuestra mortalidad.

El aire tiene la capacidad de admitir nuevos ingredientes en su receta, que lo convierten en un potencial peligro para la salud de los seres vivos que lo respiramos.

Cuando tenemos un incendio cercano, las cenizas y partículas producto de la combustión de materiales flotan en el aire contaminando la atmósfera. En España es común que alguna vez al año nos llegue arena del Sáhara a través de la atmósfera, incluso a Galicia. Nuestro país fue uno de los principales focos de mayor polución de Europa durante muchos años. Una central térmica alojada en As Pontes de García Rodríguez (Galicia) difundió a la atmósfera, a través de sus altas chimeneas contaminantes, compuestos que provocaron lluvias ácidas en el Reino Unido.

La contaminación de la atmósfera no nos resta solo calidad de vida en el momento en el que estamos respirando un aire contaminado.

Si bien es cierto que el hecho de que la atmósfera transporte otros gases y partículas reduce la cantidad de oxígeno que podemos respirar, generando estrés en nuestras células y en el bienestar inmediato, los impactos sobre la salud se ven a largo plazo. La exposición a finas partículas, aquellas con un tamaño menor de 2,5 mm, son responsables de más de 4 millones de muertes alrededor del mundo. Esto convierte a la contaminación del aire en el factor de riesgo más importante para la salud después del tabaco, quedando a la misma altura que el sedentarismo y el sobrepeso.

Esto es así porque los tamaños de las partículas que viajan en el aire son muy variados. Se han encontrado incluso partículas más pequeñas que 100 nanómetros. Para que te hagas una idea de lo pequeño que es eso, compáralo con un pelo humano, que mide unos 60.000 nanómetros. Partículas tan pequeñas como esas atraviesan directamente el pulmón, llegando a la sangre y penetrando en nuestras células, incluso en nuestro cerebro.

Cuando los contaminantes llegan a nuestras células producen un estrés importante. Los siete insultos ambientales se ponen a funcionar acelerando el envejecimiento de nuestras células y las enfermedades que surgen de este declive.

Está claro que hay una gran alarma social sobre el cambio ambiental, pero no se traduce en una gran movilización. Tenemos a una gran masa social preocupada por cuidar su salud cardiovascular, por dejar de fumar, por perder peso, etc. Ponemos de nuestra parte todo lo posible por cuidar nuestra salud, pero ¿hacemos lo que está en nuestra mano o simplemente no sabemos qué es lo verdaderamente importante?

Estamos madrugando para incluir el gimnasio en rutinas en las que ya no caben más cosas, gastando el dinero en tratamientos y suplementación para curar nuestra salud. Hacemos todo esto de forma individual pero dejamos que la contaminación atmosférica, que es un riesgo de la misma importancia contra el que pelear de forma colectiva, pase desapercibido en nuestro día a día.

Por supuesto, la contaminación del aire no es la única causa contra la que luchar de forma colectiva. Las malas prácticas en la industria, la regulación laxa en cuanto a la protección de los espacios naturales y la falta de apoyo social a la investigación en la protección del medioambiente hacen que aumente el calentamiento global y los riesgos para la salud que lo acompañan.

La consecuencia inmediata del cambio climático, incluso cuando lo llamamos calentamiento global, es que aparezcan temperaturas cada vez más extremas; eventos climáticos de frío o calor extremos que elevan significativamente las tasas de enfermedades y muertes causadas por patologías cardiovasculares, respiratorias y cerebrovasculares.

Por supuesto que la exposición de un cuerpo humano al calor o al frío no debería resultar letal. De forma controlada, tenemos socialmente instauradas prácticas que incluyen la sauna o los baños helados. Estas prácticas están incluso asociadas con la longevidad, pues al exponer el cuerpo a estrés se desatan mecanismos celulares de reparación. Sin embargo, si la exposición al frío o al calor extremo es prolongada, ya no se trata de un pequeño estrés que estimula la reparación celular, sino que a largo plazo tiene impacto sobre la epigenética. Se ha encontrado incluso que la exposición a altas temperaturas persistentes durante el embarazo podría acortar los telómeros del bebé, impactando directamente en la cantidad de años que podrá vivir.

Esta afirmación va a ser osada y no está basada en la evidencia, pero si habitar climas extremos llega a acortar los telómeros de las nuevas generaciones, el calentamiento global puede acabar acortando la esperanza de vida de la humanidad.

Digo que la afirmación no tiene evidencia porque si bien hay evidencia de que se produce el acortamiento de los telómeros ante las altas temperaturas, y también hay evidencia de que dicho acortamiento reduce la esperanza de vida de una persona, no la hay de que las altas temperaturas del calentamiento global nos vayan a hacer vivir menos. En esa realidad podrían darse otras circunstancias que lo compensasen o tecnologías que lo remediaran, por lo que no vamos a hacer predicciones en nombre de la ciencia, simplemente afirmaremos que es un riesgo del calentamiento global al que prestar atención.

Desconocemos el impacto real del cambio climático sobre nuestra longevidad. Entre los cambios que se dan en la atmósfera que respiramos, las aguas que consumimos, la radiación y la temperatura a la que nos exponemos, es difícil conocer la extensión del daño, pero se espera que sea mayor que los cálculos actuales.

CAPÍTULO 13

La obsesión colectiva de antioxidarnos

Un envejecimiento radiante: el sol y el daño celular

Este capítulo es el primero en el que voy a mencionar la radiación. Me la he guardado intencionadamente para este preciso instante. En este punto ya entendemos cómo envejecen las células, cómo el ADN y la epigenética operan para dictar de qué modo lo hacen y cómo el ambiente puede afectar en múltiples vías a este funcionamiento.

Vamos a avanzar gracias a unas mínimas nociones de física para hablar de la radiación, y más en concreto de la luz.

La radiación se define como la propagación de la energía en forma de ondas electromagnéticas o partículas. La radiación va desde las ondas de la radio a las del microondas, la luz que vemos o los rayos X, por ejemplo. La frecuencia de cada tipo de onda determina cómo se mueve y cómo llega a nosotros. Por ejemplo, el espectro de luz natural es muy amplio. Sus extremos son el infrarrojo y el ultravioleta, que se salen del espectro de la luz visible. Son frecuencias de ese espectro de luz que nosotros no podemos ver precisamente por la diferencia en su frecuencia.

La forma de moverse de las ondas también afecta a nuestra salud. Del mismo modo que las microondas, a pesar de ser invisibles, pueden penetrar en los tejidos que metemos en nuestro electrodoméstico favorito, otro tipo de radiación puede penetrar en nuestras células. Digo «otro tipo» para subrayar que si no tienes la mano caliente como el vaso de leche que sacas del microondas, eso quiere decir que esa radiación no te está afectando, pues su efecto es ese, calentar el vaso.

Otro tipo de radiaciones tienen impacto sobre nuestro cuerpo sin que nos demos cuenta. Sin embargo, si retomamos la luz como vehículo de este apartado de envejecimiento radiante, llegaremos al responsable del 80 % del envejecimiento de nuestra piel: el sol.

Nuestra estrella más cercana es una bola de gas en combustión que emite distintos tipos de ondas electromagnéticas en un gran abanico, pero hay unas muy conocidas que tienen la capacidad de resonar en nuestras células a un ritmo que hace bailar a nuestro material genético.

La radiación ultravioleta, a diferencia de la del microondas, sí que nos quema, literalmente. Tenemos en esta categoría tanto a los rayos UVB como a los UVA. Mientras que ambos son responsables de los daños en el ADN de nuestras células, hay diferencias en su forma de actuar. Podríamos decir que los rayos UVB nos hacen daño de forma directa y los UVA de forma indirecta.

La radiación UVB es capaz de ser directamente absorbida por nuestro ADN. Atraviesa nuestras células hasta el núcleo celular y allí se genera un efecto llamado «dímero de bases». Es como si dos bases nitrogenadas de la secuencia de ADN se fusionaran, estableciendo un enlace covalente prácticamente irrompible.

Por suerte, nuestras células tienen sus mecanismos de reparación, y cuando replican el ADN de la célula pueden sustituir estas bases por otras sin esas soldaduras y sin acumular daños celulares. Pero cuando la exposición a la radiación solar es repetida y poco segura, la cantidad de trozos de ADN dañados puede ser tan elevada que se acelera irremediablemente el declive celular.

Por si el daño indirecto no fuese suficiente para nuestras pobres células, el sol tiene la capacidad de causar daños directos en el ADN.

Nuestro cuerpo tiene unas sustancias llamadas cromóforos, que son los átomos de una molécula responsables de su color. Están en nuestros glóbulos rojos, en la melanina de nuestra piel o en el agua que hay en nuestras células. La particularidad de los cromóforos en contacto con determinados tipos de radiación es que algunos de sus átomos se alteran.

En concreto, cuando la luz UVA llega a un cromóforo de nuestra piel, este se excita porque absorbe un fotón UV que acaba dando lugar a la creación de una especie reactiva de oxígeno.

No sé si conocías el concepto «especie reactiva de oxígeno», pero seguro que estás familiarizado con el concepto de que hay cosas en nuestro cuerpo que se oxidan y con el hecho de que se nos anima a consumir antioxidantes para remediarlo.

Radicales libres y especies reactivas de oxígeno

La doctora e investigadora argentina Rebeca Gerschman se hizo un nombre en la década de 1930 por sus averiguaciones sobre el potasio en las células, pero fue tras su desplazamiento al Reino Unido cuando empezó a interesarse por lo que nos compete en este libro, el envejecimiento.

Por aquel entonces se había observado algo muy curioso: que la piel de los pilotos de aviación envejecía antes de lo normal. La observación no trascendió mucho a la sociedad, pues en caso contrario ya tendríamos algún dicho del tipo «ser más viejo que un piloto».

Gershman empezó a investigar el efecto del oxígeno y de otros gases en la piel, ya que una gran diferencia que experimentan los pilotos es respirar en unas máscaras que les dan un aire con un 100 % de oxígeno, mientras que en tierra, el aire que respiramos contiene un 21 %.

Otra particularidad que experimentan los pilotos a esas alturas es una exposición más intensa a la radiación solar.

Dentro de estas líneas de investigación, la doctora descubrió los famosos radicales libres. Estos están constituidos por moléculas inestables que tienen la capacidad de desestabilizar otras moléculas del entorno.

Los radicales tienen electrones desapareados, que dejan hueco para los electrones de otras moléculas del entorno, y por ello tienen la capacidad de dañar otras estructuras.

Para entender los radicales libres hay que hacer uso de la química. Estos compuestos pueden formarse a partir de cualquier elemento químico, pero en sistemas biológicos como los que operan en los seres vivos, los más comunes son los radicales libres que contienen oxígeno, nitrógeno y carbono.

Este conocimiento debemos agradecérselo a la doctora Gerschman, que, en 1954, fue la primera persona en descubrir que estos radicales libres tienen la capacidad de dañar y matar células, en el proceso que hoy en día conocemos como estrés oxidativo.

Habitualmente, hablamos de estrés oxidativo cuando se trata de las especies reactivas de oxígeno, más conocidas como ROS, por sus siglas en inglés. Estas son un tipo de radical libre que incluye las moléculas que derivan del oxígeno, aunque es importante destacar que no todas funcionan como radicales libres.

En el caso de la radiación solar en interacción con cromatóforos sí se forman especies reactivas de oxígeno. Cuando un cromatóforo de la piel se excita al impactar la radiación UVA, se producen esas formas reactivas de oxígeno que indirectamente dañan al ADN. El hecho de tener esas estructuras inestables tan reactivas hace que la proximidad de estas especies al material genético tenga la capacidad de producir cambios en la estructura.

El impacto de las ROS no acaba en el ADN, sino que estas estructuras pueden dañar casi cualquier otra, pues afectan también a macromoléculas como los lípidos (grasas) o las proteínas. Estas también forman parte de la estructura de la piel.

La importancia de protegernos del sol

La doctora Rebeca Gerschman apuntaba bien cuando señalaba el sol como motor de ese envejecimiento prematuro en la piel de los pilotos. Pero además de acelerar el declive de las células de la piel (el tejido epitelial o epitelio) a largo plazo, el sol también tiene la capacidad de producir daños en el mismo día en el que tiene lugar la dosis de radiación perjudicial.

Aunque muchas de nuestras células consiguen reparar el ADN de forma correcta y no sufren daños, otras veces no es así y mueren. O, más bien, se «suicidan» a través de la apoptosis que se desencadena cuando la célula no puede ser reparada. De esta forma, nos encontramos con un «suicidio celular en masa» en nuestro tejido epitelial, que tal vez hayas experimentado tras algún día de verano intenso.

Cuando las células epiteliales se dañan, el sistema inmune se pone en marcha para ayudar a recoger los restos de esa apoptosis y muerte celular en masa. Es importante que el espacio que hay entre las células quede libre de residuos para que las células sanas puedan replicarse rápidamente y restaurar la función de la piel. Cuando esto ocurre, la zona afectada por la radiación empieza a recibir más aporte de sangre, a través de la cual llegan también los soldados del sistema inmune. Es ahí cuando vemos el efecto de la quemadura solar: la piel se pone roja e incluso llega a inflamarse.

Nuestra piel tiene mecanismos no solo para protegerse sino para prevenir el daño que la radiación puede ocasionar en nuestro ADN. Nuestras células tienen unas sombrillas internas que se interponen entre la radiación solar y el núcleo celular: se trata de la melanina.

La melanina es un pigmento que produce nuestro cuerpo en distintas estructuras para dar color a nuestra piel, a nuestro pelo o incluso a nuestros ojos.

Cuando la radiación solar incide en nuestra piel de forma intensa y prolongada, el cuerpo considera que la pigmentación de la piel no es suficiente para protegerse. La melanina absorbe la radiación para proteger nuestro ADN, pero si esta es muy intensa necesitamos un refuerzo. La propia exposición a los rayos del sol estimula más producción de melanina y por eso nuestra piel oscurece (se broncea) ante exposiciones repetidas.

Aunque este mecanismo es eficaz, no es suficiente. Las personas muy pálidas —como es mi caso— podemos darlo todo por perdido, pero incluso para las personas con pieles más oscuras es necesario dar un soporte de protección a la piel para prevenir las quemaduras, el daño solar y el envejecimiento prematuro de la piel.

La solución sería tan sencilla como estar a la sombra. Pero si queremos disfrutar de la playa, la piscina o las actividades acuáticas al aire libre, la alternativa será usar prendas que nos cubran o protectores solares.

Podemos bautizar a las cremas de protección solar como la crema antiarrugas definitiva. La protección solar en sus distintas formas es el método más efectivo de prevenir el envejecimiento de la piel, ya que la ciencia y los estudios en dermatología encuentran que el 80 % del peso en estos procesos de envejecimiento visible de la piel se lo lleva la exposición solar.

Tenemos dos tipos de fotoprotectores: los de barrera física y los de barrera química. Los primeros hacen una barrera material que impide directamente que la radiación llegue a la célula, como si se tratase de una camiseta. Los que actúan por barrera química tienen la capacidad de absorber la radiación que llega a las células, como hacen los melanocitos.

Algunas recomendaciones con respecto a la radiación solar están enfocadas a evitar quemaduras, por ejemplo las que nos avisan sobre tomar el sol en horas centrales del día o acerca de realizar exposiciones progresivas para estimular la producción de melanina antes de hacer exposiciones prolongadas y, por supuesto, usar siempre protector solar en esas exposiciones. Sin embargo, algunas recomendaciones de uso de protectores están orientadas a la prevención del envejecimiento de la piel, como el uso de estos en las zonas expuestas al sol a lo largo de todo el año. En invierno también, y si es factor 50 mejor.

El número que encontramos junto al SPF no nos indica el grado de cobertura de esa crema. Muchas veces pensamos que los protectores solares de factor 50 van a impedir que nos llegue la radiación y, por lo tanto, que nos pongamos morenos. Alrededor de este mito se han hecho un montón de cremas solares o aceites de bronceado sin protección solar o con protecciones muy bajas, como 6 o 10.

Realmente, el SPF nos indica el tiempo de fotoprotección que nos da la crema, es decir, nos indica cada cuánto tiempo tenemos que reponer la crema para evitar las quemaduras. Esto quiere decir que cuanto más baja sea la fotoprotección, más veces tendremos que reponer la crema. El efecto en la piel es exactamente el mismo. Piensa en un parquímetro: puedes echar monedas de 1 euro cada hora o monedas de 5 céntimos constantemente.

Los protectores solares están enfocados a impedir la radiación ultravioleta B, la más relacionada con las quemaduras solares. Es decir, cuando vemos las siglas SPF, estas hacen referencia a cómo nos protege esa crema de la radiación UVB, pero no a la radiación UVA.

La radiación UVB es intensa en los periodos próximos al verano, pero esto no debe librarnos de usar cremas solares el resto del año, ya que la radiación UVA, constante a lo largo de todo el año en intensidad, es la que está relacionada, según la evidencia científica, con el envejecimiento prematuro de la piel y la aparición de manchas. Este tipo de radiación llega a nosotros en espacios exteriores y también con la luz natural que entra por nuestras ventanas, por lo que siempre estamos expuestos a ella. Es por esto que resulta importante fijarse en que nuestro fotoprotector, aquel que vayamos a usar durante todo el año, además de tener un SPF alto, tenga la indicación de UVA rodeado por un círculo o PA+++. Esto nos hará saber que efectivamente estamos ante la mejor crema antienvejecimiento, generalmente mucho más barata que las cremas que llevan esos apellidos y promesas de la mano.

Cuando incorporamos a nuestro día a día el hábito de usar protector solar a lo largo de todo el año, estamos contribuyendo significativamente a conservar no solo la apariencia de la piel, sino también a cuidar la función barrera de la misma, además de reducir el riesgo de padecer melanoma.

Cómo conseguir una carita de bebé

Ya que hemos abierto el melón de cómo prevenir el envejecimiento de la piel, vamos a continuar hasta acabar esta gran fruta.

El primer paso para conseguir una carita de bebé, como prometo en este apartado, es nacer. Ahí ya tienes tu carita de bebé y lo único que puede ocurrir con ella es que la perdamos. Si superamos esta durísima realidad, podremos enfrentar el paso de los años con una actitud de resignación que no tiene por qué implicar que no nos protejamos de los posibles daños del paso del tiempo en la piel o incluso que nos dejemos llevar por la vanidad para vernos acorde a nuestros deseos.

Para muchas personas hablar de envejecimiento es equiparable a hablar de arrugas. Es normal, ya que esta es una de las partes más visibles del envejecimiento. Si le pedimos a una Inteligencia Artificial que nos genere imágenes del paso de la edad sobre una persona, lo que hará será darnos caras con muchas arrugas, manchas y flacidez. Todo esto ocurre como un resultado de múltiples procesos de envejecimiento en distintos tejidos del rostro, que dan como resultado final la cara de ese anciano que le pedimos a la IA que dibuje.

Sin embargo, si le pides a una de estas herramientas que genere una imagen de una persona de 60 años, ¿cuántas arrugas crees que tendrá? Piensa en personas que conoces de esa edad. Seguro que algunas tienen muchas arrugas y otras muy pocas.

La piel es nuestro órgano más grande y es un gran testigo del ambiente en el que vive una persona y de los hábitos que tiene.

Hemos hablado del sol y de sus efectos en la piel. Si vemos a una persona con muchas arrugas y manchas de sol en la cara y en los brazos, podemos deducir que ha estado expuesta de forma repetida y sin protección. Obviamente, aquí hay factores heredados del tipo de piel y la predisposición de una persona a segregar melanina o a que su piel pigmente en forma de manchas como respuesta al sol. Pero si la persona hubiera tenido todo el cuerpo cubierto con ropa, tendría las mismas manchas que en las zonas tapadas, por lo que el sol es claramente determinante. Las manos y la cara son las partes más expuestas al sol, y por eso también las que vemos más afectadas por el paso del tiempo.

La luz influye en el envejecimiento de la piel, pero también se convierte en un tratamiento. Cuando hablamos de exposición progresiva a la luz ultravioleta no nos referimos solo a dar paseos en manga corta en primavera o ir los primeros días de playa a tomar el sol 10 minutos y nada más. Hablamos de algo que puede llegar a hacerse de forma controlada y como terapia en las cabinas de rayos UVA para personas con algunas patologías de la piel. También se han popularizado terapias de luz para mejorar la apariencia y función de la piel, que se aplican tanto en consultas dermatológicas, con equipos profesionales, como en casa, con dispositivos portátiles que suelen ser en forma de máscaras para poner directamente en el rostro; aunque en alguna casa con dinero para gastar hay hasta cabinas de terapia de luz.

Estas terapias se enfocan en estimular procesos de regeneración y cicatrización de la piel, que pueden ayudar a prevenir el envejecimiento y también a tratar cicatrices como las que aparecen en el acné y otras marcas. ¿Cómo funcionan?

Del mismo modo que podemos proyectar rayos UVA en una cabina para estimular la producción de melanina en la piel y broncearnos, podemos utilizar la tecnología para generar otros tipos de luz que tendrán otros efectos. La fotodepilación es un ejemplo, pero más allá de retirar el vello de la piel, algo que ya lleva años en el mercado y está normalizado, el boom ahora está en las máscaras que he mencionado antes. Estas usan una luz que está en el otro lado del espectro de la luz: la llamada «luz roja» tiene una longitud de onda mucho más corta que la luz ultravioleta y se acerca mucho a lo que conocemos como infrarrojos.

La primera evidencia sobre la aplicación de la terapia de luz roja se encontró en su capacidad de regenerar el tejido en cicatrices, a través de un proceso que se conoce como fotomodulación, que desata una cadena de reacciones en las células que se ha asociado con la reducción de rojeces en la piel, reducción de la inflamación, estimulación de la producción de colágeno, reducción de las arrugas y líneas de expresión y también eliminación de manchas y cicatrices.

¿Qué tipo de magia hace la fotomodulación en las células para darnos tantos beneficios?

Melatonina de kilómetro cero

Todas las células del cuerpo tienen mitocondrias que se encargan de producir adenosín trifosfato (ATP), la moneda de energía de nuestro cuerpo. Estas estructuras comen de todo, proteínas, carbohidratos, grasas…, y lo transforman en ATP. Si las mitocondrias se pasan de rosca trabajando, se genera estrés oxidativo. Aparecen especies reactivas de oxígeno como las que vimos anteriormente, que inducen el mal funcionamiento y estrés sobre las estructuras celulares. Esto ocurre por la acumulación de los residuos de su trabajo; es como si nunca vacías el depósito del aspirador, llega un momento en el que deja de funcionar.

El mal funcionamiento de las mitocondrias se ha asociado con inflamación, diabetes, trastornos neurodegenerativos, cáncer y muchas otras patologías. Esto no es de extrañar, ya que se trata de los pulmones de nuestras células. Si no funcionan bien, nada funciona bien.

Para librarnos del estrés oxidativo, el cuerpo necesita una de mis hormonas favoritas, la melatonina. Se trata de una hormona muy vinculada a la luz y a los ritmos circadianos, esos ritmos biológicos que se dan a lo largo de las 24 horas del día.

El pico de producción de melatonina del cuerpo lo tenemos por las noches, ya que cuando nuestra glándula pineal en el cerebro detecta oscuridad comienza su secreción. Esta hormona se toma como suplemento para ayudar al descanso, y si bien es cierto que tiene un gran papel en la sedación y en ayudarnos a conciliar el sueño, su gran papel en nuestro cuerpo es su acción antioxidante. No solo ayuda a eliminar los radicales libres producidos a lo largo del día fruto de la acción natural del cuerpo o del estrés que hayamos pasado, sino que es uno de los antioxidantes más potentes que se conocen, más que los que obtenemos de la dieta.

La sorpresa es que la melatonina también se produce durante el día. Al fin y al cabo, si nuestras mitocondrias, que están en todas nuestras células y son imprescindibles para funcionar, la necesitan para no gripar, no podemos esperar a la noche para que aparezca. El estrés oxidativo forma parte del funcionamiento de la mitocondria, pero si hay demasiado no funcionará, y necesitamos proteger el sistema.

Resulta que, gracias a la exposición a la luz solar, durante el día nuestras mitocondrias reciben esa radiación en forma de luz roja e infrarroja. Cuando estos fotones llegan a la mitocondria estimulan la producción de melatonina dentro de sí misma, gracias a la excitación de una enzima que trabaja en la cadena de producción de las mitocondrias. En esta cadena tiene lugar la respiración celular para producir el ATP, y cuando los fotones de luz roja e infrarroja inciden sobre la enzima se desata la producción de melatonina, el 95 % de la que se produce en el cuerpo.

Siempre se le ha dado el premio de la producción de melatonina a la glándula pineal, pero los estudios recientes sobre las mitocondrias han visto que es en esa enzima donde aparece la gran producción de esta hormona a lo largo del día y que su papel es imprescindible. Lo que sucede es que se consume allí mismo y no pasa al resto del cuerpo, es melatonina de kilómetro cero —o de nanómetro cero, mejor dicho.

El hecho de que se produzca y consuma a nivel local también implica que la melatonina que ingerimos como suplemento no tendrá ese efecto sobre las mitocondrias o, al menos, no está demostrado todavía.

La luz que está muy cercana a los infrarrojos —que tiene una longitud de onda entre 760 y 1.400 nm— es capaz de penetrar en nuestra piel atravesando las primeras capas de dermis y epidermis, y alcanzando tejido subcutáneo. Atraviesa también nuestra ropa, siempre y cuando sea fina, y llega a nuestro cuerpo haciendo que esa información funcione como estímulo para mejorar la función mitocondrial.

Dado que el funcionamiento de las mitocondrias es imprescindible para que nuestros tejidos funcionen adecuadamente, podemos esperar que su aplicación sí sea efectiva para mejorar la reparación celular y la salud de la piel.

La luz solar es la opción más saludable y económica si nos exponemos de forma segura; de hecho no hace falta tener la piel directamente expuesta. Las zonas verdes son espacios en los que se refleja mucha radiación de luz infrarroja, y este es uno más de los múltiples motivos por los que estos espacios son muy beneficiosos para la salud. Estar habitualmente en zonas verdes se ha relacionado con mayor calidad de vida, longevidad y menos enfermedades como diabetes, cáncer y otras afecciones cardiovasculares y neurodegenerativas.

¿Quiere decir esto que la moda de las lámparas no es efectiva o no funciona? En absoluto. Se están utilizando a nivel clínico no solo para tratar la piel o las cicatrices, sino también para tratar tejidos conectivos y musculares, ayudando a reducir la inflamación y mejorar las lesiones. No solo los infrarrojos sino también los láseres de baja intensidad.

Me gusta divulgar información realmente útil. Hablar de modelos de lámparas y máscaras de luz que la mayoría no nos podemos permitir, o de tratamientos en clínicas todavía más caros, carece de interés. Reflexionar sobre la relevancia de proteger los espacios verdes y rescatarlos incluso en zonas urbanas, o sobre cómo la evidencia científica de estas terapias alternativas menos invasivas ha de llegar a nuestros recursos públicos me parece mucho más productivo.

Puede parecer de entrada una locura, pero hay países en los que los beneficios de la sauna están tan integrados en la sociedad que la mayoría de los edificios cuentan con estas instalaciones en sus zonas comunes. No es tan descabellado pensar en una sociedad que tenga tanta conciencia sobre este tipo de evidencia científica que no contemple vivir en una manzana sin zonas verdes o en un edificio sin sauna y cámaras de luz infrarroja, por ejemplo.

Envejecemos de la NADa

Los avances sobre las cosas que envejecen nuestro cuerpo no acabaron con el descubrimiento del estrés oxidativo, y menos mal. De hecho, a nuestra investigadora argentina la rebatieron fuertemente. Sin tener ninguna prueba se dijo que lo de los radicales libres era un sinsentido.

Años después no se rebatió ese hallazgo, pero sí que se puso en entredicho la dimensión de su efecto en el envejecimiento. Antes se explicaba todo por los radicales libres y ahora vamos integrando muchos otros factores en los daños celulares; en el apartado «Microenvejecimiento» hemos visto la mayoría y ahora vamos a ver cómo operan los que actúan a nivel corporal, regulados por la homeostasis y los procesos rutinarios del día a día en nuestro organismo.

Hace una década empezó a hablarse en la comunidad científica de que el declive en las concentraciones de una molécula en nuestro sistema era una fuerza clave en el proceso de envejecimiento. Se referían al NAD+ (nicotinamida adenina dinucleótido). De hecho, se vinieron arriba y sacaron un concepto en formato de publicación científica llamado *NAD World*, del que actualizaron sus versiones a *NAD World 2.0* en 2016 y *NAD World 3.0* en 2025.

No me puedo resistir a comentar que hay que tener carisma para ponerle estos nombres a las publicaciones científicas. Menuda fantasía. Ni Disney World ni Legoland, nuestro interés está totalmente puesto en *NAD World*. Cómo no, vamos a abordar la rabiosa actualidad de 2025.

El NAD+ es una molécula esencial en todas nuestras células. Es como un tren de energía, ya que ayuda a convertir los alimentos que consumimos en la moneda de energía del cuerpo, el ATP. Sin esta moneda ni nos movemos, ni pensamos, ni sobrevivimos, por lo que el NAD+ es fundamental para el funcionamiento celular.

La relación del NAD+ con nuestro sistema inmune es muy estrecha, ya que además de ayudar en la fabricación de energía para las células, participa en la reparación de los daños de ADN, en la regulación génica y lucha contra todos los estreses que viven a diario nuestras células.

No se trata de un antioxidante en sí mismo, ya que no neutraliza radicales libres, pero sí que es el compañero de algunos soldados que combaten el estrés oxidativo, por ejemplo las sirtuinas. Estas son proteínas que dependen del NAD+ para poder regular la función de las mitocondrias y amortiguar el estrés oxidativo. Si no hay suficiente NAD+ en las células para las sirtuinas y otros soldados, no pueden funcionar, y comienza un declive en los procesos de reparación celular. Por ello se ha hecho la predicción de que la fuerza impulsora del envejecimiento es el declive sistémico en los niveles de NAD+, y hoy en día esta es una noción ampliamente consensuada entre aquellos profesionales que se dedican a la investigación sobre el envejecimiento.

El camino del mundo NAD+ evolucionó cuando se comprendió cómo esta molécula participa en la regulación del envejecimiento y la longevidad en mamíferos al integrar, en el estudio publicado en 2016, la importancia de la comunicación entre órganos que ya hemos visto en la homeostasis. Como en toda buena saga, ahora hay que incluir a nuevos protagonistas y por eso ha llegado la NMN (nicotinamida mononucleótido), una forma intermedia del NAD+, y también la NAMPT (nicotinamida fosforibosiltransferasa), particularmente la que funciona fuera de las células.

En *NAD World 3.0* nos presenta nada más y nada menos que bucles de retroalimentación multicapa mediados por los dos nuevos personajes. La ciencia nos trae entregas más interesantes en 2025 que Marvel con cualquier propuesta de multiverso, así que vamos a prestar atención para entender cómo envejecemos de la NADa.

Hablamos del NAD+ en este apartado porque, como se ha dicho, es su declive sistémico el que causa el envejecimiento generalizado de los tejidos. De hecho, se han identificado 3 reguladores fundamentales en este proceso: el hipotálamo, como centro de control del envejecimiento; el músculo esquelético, como mediador de este proceso, y el tejido adiposo como modulador.

También es un descubrimiento de las últimas décadas la noción de que el tejido graso de nuestro cuerpo (tejido adiposo) funciona como un órgano endocrino más, que sintetiza hormonas en respuesta a los estímulos que recibe y también secreta sustancias que ayudan a la regulación homeostática del cuerpo. En el caso de este mundo del NAD+, la grasa segrega NAMPT, la cual llega al hipotálamo e influye en la regulación del envejecimiento y longevidad de los mamíferos. Así pues, la grasa no solo es importante en la regulación endocrina, sino que participa activamente en nuestra salud a todos los niveles. Para bien y para mal.

El envejecimiento vinculado al NAD+ se da de dos maneras: se reduce la biosíntesis de esta molécula y aumenta su consumo. Cuando más falta nos hace, nos deja tirados; como una batería de móvil que cuanto más vieja es, más tiempo necesita para cargarse y más consume para hacer lo mismo que antes. Así funcionan nuestras células a lo largo de los años.

En la última década, una gran cantidad de evidencia ha demostrado que la disminución sistémica de los niveles de NAD+ impulsa el deterioro fisiológico asociado a la edad en la función de los tejidos y contribuye a la aparición de enfermedades relacionadas con el envejecimiento. Varios artículos de revisión han resumido estos hallazgos clave, apoyando la idea de que el descenso del NAD+ es un factor fundamental en el envejecimiento.

El hecho de que tengamos cada vez menos NAD+ y más demanda de este se ha relacionado estrechamente a la evidencia científica con el *inflammaging*, la inflamación crónica de bajo grado que aparece con la edad.

La reducción en la síntesis de NAD+ es difícil de controlar con nuestros hábitos, ya que el propio paso del tiempo vuelve menos eficientes sus mecanismos de síntesis y menos disponibles sus precursores. Sin embargo, la reducción en la demanda de NAD+ de las células es más fácil de intervenir. Si nos exponemos a menos estrés y contaminantes causantes de inflamación, la demanda de NAD+ extra bajará.

En cualquier caso, si buscamos ralentizar al máximo el envejecimiento celular, lo ideal será mantener también los niveles de síntesis de NAD+. En caso contrario, tendríamos que vivir rebajando cada vez más y más los niveles de estrés celular hasta convertirnos en seres inmóviles que no viven. Por ello, los científicos están investigando formas de aumentar los niveles de NAD+, con suplementos con precursores de esta molécula llamados NMN o NR. Habrá que esperar un poco más a que aumente el consenso y la forma de suplementación de estos precursores del NAD+, pero creo que hay que estar muy atentos al NAD World porque viene pisando fuerte, con nombre y apellidos. No debería asustarnos que un profesional de la salud nos recomiende estos suplementos en unos años.

CAPÍTULO 14

Un cuerpo de repuesto

A veces ponemos remedio a los signos del envejecimiento pero no hacemos nada al respecto del buen funcionamiento del cuerpo. Como vimos al empezar el libro, sostengo lo peyorativo de la palabra «envejecer» desde el ámbito científico, porque implica un deterioro y declive en el buen funcionamiento de nuestras células y sistemas. Cuando tenemos músculos menos elásticos funcionan peor, y personalmente no se me ocurre nada de bonito ni noble en tener estreñimiento crónico, nada en esta incomodidad habla del paso de los años y de lo mucho que ha aportado esa persona a la sociedad. Tampoco hay heroísmo en unos huesos más débiles, y lo digo porque nadie lo ve así. A todos nos parece bien que la gente mayor tome laxantes si los necesita o tratamientos para la osteoporosis. Los tenemos cubiertos por la seguridad social, y no hay problema ni está mal visto. Sin embargo, en lo que respecta a lo estético ya hay juicio. Pobre de ti que no te gusten tus arrugas o tus canas, cuando estos signos de envejecimiento también son un síntoma de pérdida de función celular.

A nivel científico estamos combatiendo lo mismo al enfrentar la pérdida de función del tejido nervioso y la pérdida de función de la piel. Son células que dejan de funcionar bien y tejidos que buscamos regenerar para conservar la calidad de los mismos. Sin embargo, mientras el primero puede generar trastornos significativos en la calidad de vida de la persona, las canas o las arrugas generan un trastorno más vinculado a la aceptación social, que dependiendo de la persona y del contexto generará más o menos impacto.

En cualquier caso, como no estoy aquí para ser jueza de lo que es o no importante para las personas o el trastorno que les genere, abordaremos cómo envejecen estos tejidos, qué maneras tiene el cuerpo para combatir ese envejecimiento y qué innovaciones científicas aparecen para reemplazar la reparación corporal.

Skincare con evidencia científica

Una vez que hemos abordado la temática de la radiación solar sobre la salud cutánea, creo que ya cubrimos más de un 80 % de la salud y apariencia de la piel. Podríamos decir que con una exposición solar adecuada, tanto en protección como en exposición a infrarrojos, ya habríamos hecho por nuestra piel más que suficiente.

Es cierto que la piel tiene mucho más que esto afectando a su función. Además de las capas superficiales, de las que ya hemos hablado, las estructuras que le dan soporte son fundamentales en su apariencia y también lo es el sistema circulatorio que lleva los nutrientes y el agua.

El agua es importantísima para una buena apariencia y función barrera de la piel. Pero ya sabemos que mantenernos hidratados es muy importante para todo, no solo para eso.

La dieta también es fundamental para la salud cutánea y para prevenir un envejecimiento acelerado. Pero si seguimos las recomendaciones del plato de Harvard con una dieta variada, completa y apartándonos de los ultraprocesados lo máximo posible, nuestra piel va a estar bien porque nuestro cuerpo va a estar bien. Es decir, si hay un problema en la piel, no va a ser porque no estés tomando suficientes bayas de goji, sino porque hay una patología concreta que hay que abordar con un dermatólogo.

También es importante entender que las estructuras que sostienen la piel y le dan firmeza van a ir mermando poco a poco. La grasa en nuestra cara suele estar muy asociada al aspecto juvenil, y con los años esos paquetes tienden a ir consumiéndose, dejando facciones algo más angulosas y las capas superficiales de la piel un poco más descuidadas. El músculo también ayuda a aportar tersura al rostro y sujeción al resto de la piel del cuerpo, por lo que hacer deporte y estimular un buen mantenimiento de la masa muscular será interesante para mantener un aspecto juvenil y, sobre todo, una buena función corporal.

En definitiva, la mejor *skincare* que podemos tener es una vida saludable en la que tengamos la suerte de evitar insultos medioambientales ocasionados por la contaminación en el aire, en el agua o por el consumo de sustancias como el alcohol o el tabaco, de las que hablaremos más adelante.

En cualquier caso, si tienes unos euros en el bolsillo, esos que te han sobrado después de comprar un protector solar para usar a diario, una de las moléculas con más evidencia científica a la hora de mejorar la apariencia y función de la piel a lo largo de los años son los retinoides. Estos derivados de la vitamina A intervienen en varias funciones: regulan el intercambio de células de la piel, fortalecen la función barrera estimulando la producción de proteínas indispensables y también estimulan la producción de colágeno en la dermis.

Gracias a estos efectos, los retinoides son las moléculas con más evidencia científica a la hora de usarse como tratamiento para prevenir el envejecimiento de la piel.

El retinol no puede administrarse de cualquier manera, ya que la piel necesita un proceso de adaptación al tratamiento. Aunque podemos encontrar tipos de retinoides a concentraciones bajas de venta libre, nunca sería recomendable comenzar a usarlo sin el asesoramiento de un profesional. Si no te asesoras en una clínica dermatológica, al menos que sea en una farmacia, ya que estos profesionales también están familiarizados con los protocolos de uso de los formatos sin receta. Con esta orientación mejorarás mucho la experiencia con el tratamiento, sin salir corriendo con la cara irritada y sin querer saber nada más del mundo de los retinoides.

El ciclo de vida de nuestro pelo

Los cambios en el vello corporal son algo que tenemos asociado al paso del tiempo. Desde que somos bebés, con poco o nada de pelo, pasando por la adolescencia, en la que la pubertad estalla con proliferación y se oscurece el pelo en nuevas zonas del cuerpo.

El pelo cumple una función de barrera mecánica respecto a los posibles agentes adversos del medio. En la evolución hemos perdido pelo en comparación con nuestros ancestros. El hecho de que tengamos ropa y menos exposición a la radiación solar hace que este deje de ser imprescindible para proteger nuestras células. Sin embargo, la exposición de la piel desnuda sin protección sigue siendo peligrosa, como ya hemos visto.

El resto del vello corporal cumple también funciones de barrera en mucosas como las fosas nasales, la zona genital y perianal y en nuestros ojos con las pestañas y las cejas. Esos pelos se encargan de impedir que agentes perjudiciales, como patógenos o partículas que pueden ser dañinas, no penetren en nuestro cuerpo.

El problema del pelo es que cuesta muchísimo mantenerlo. Nuestro epitelio cuenta con folículos pilosos que gastan recursos en forma de proteínas y energía para hacer que el pelo crezca y también pigmento para que este obtenga su color. Todo esto es un despliegue de medios que es difícil de mantener con el paso del tiempo.

Por todo ello, una vez pasada la maduración sexual se ve en nuestra especie un declive en la cantidad y calidad del vello corporal, seña de los cambios fisiológicos internos y externos que experimentamos. Con el paso de los años nuestro pelo tendrá modificaciones en densidad, textura, grosor y pigmentación, todas ellas influenciadas por factores genéticos, hormonales, metabólicos y ambientales.

Vamos a abordar los cambios más populares: la pérdida de cabello y la aparición de las canas.

Todos los días perdemos pelos. Esto forma parte del ciclo capilar, que es algo natural. Los folículos que fabrican el pelo en su raíz sufren cambios cíclicos y parte del proceso consiste en que algunos se contraen y dejan de producir cabello. Al morir el folículo, la raíz del pelo queda sin sustento y este cae. Pero en estados corporales de funcionamiento celular óptimo, los folículos se reemplazan por otros nuevos.

Del mismo modo que ocurre con las células del resto de los tejidos, las células que constituyen los folículos dejan de reemplazarse con la misma rapidez con el paso de los años y por eso perdemos densidad capilar. Además, los folículos nuevos cada vez son más pequeños, sufren un proceso de miniaturización en el que producen cada vez pelos más finos y que no crecen tanto.

Entre las personas, existen también diferencias vinculadas a sus hormonas. Los hombres pueden experimentar una mayor caída de cabello debido a que suelen tener más hormonas vinculadas a lo que se conoce como alopecia androgénica. En concreto, tienen niveles más elevados de dihidrotestosterona (DHT), que es un metabolito de la testosterona que corta la fase de crecimiento, agudizando también la miniaturización de los folículos. Cuando esto ocurre se ve la clásica retracción de la línea de nacimiento del cabello y la pérdida de densidad en la coronilla, porque son las zonas en las que más receptores se encuentran para la acción de estas hormonas.

Esto puede ocurrirles también a las mujeres. La testosterona es una hormona que tenemos todas las personas independientemente de nuestro sexo. La disminución de estrógenos en la menopausia puede llevar a un aumento de la presencia de hormonas andrógenas que causen esa alopecia androgénica.

En estos casos, el tratamiento puede ser desde un reemplazo hormonal a la incorporación de medicamentos orales o tópicos que interfieran en los receptores de esas hormonas, para que no actúen sobre el folículo y conservemos el pelo durante más tiempo.

Además de las sentencias hormonales sobre la salud capilar, el propio mantenimiento del pelo es un derroche de energía para el cuerpo. Si nuestra salud no está óptima, el cuerpo va a destinar recursos a los carísimos procesos de reparación celular.

Poner al sistema inmune a trabajar es muy caro, ya que gasta muchos recursos de lípidos, proteínas y monedas energéticas como el ATP. En caso de que nuestro cuerpo tenga déficits nutricionales o determinadas patologías no podemos contar con que siga cumpliendo con reponer nuestro vello corporal.

El pelo está compuesto principalmente de queratina, una proteína fibrosa. Si nuestra dieta es pobre en proteínas, el cuerpo no las usará para producir pelo, sino que las destinará a reparar otros tejidos corporales.

Además, para la síntesis de queratina el folículo necesita vitaminas del grupo B, como la biotina, y hierro, ya que es un transportador fundamental de oxígeno a través de la sangre, para una buena formación del pelo en el folículo. De hecho, algunas alopecias se han asociado a cardiopatías y problemas en el sistema circulatorio, que causan una deficiencia en el aporte de sangre a los folículos, y en consecuencia que el pelo caiga y no se reemplace adecuadamente.

Si te estás preguntando dónde obtener hierro y biotina, la respuesta es muy desagradable, pues el hígado de muchos animales contiene altas cantidades de estas sustancias. Pero voy a darte alternativas como cereales, legumbres o algunos frutos secos. Estos alimentos nos aportan ambos nutrientes y son muy ricos. De hecho te diré que las legumbres van muy bien para el pelo, porque también tienen proteínas y otros minerales que participan en la producción y mantenimiento del folículo, así que no te cortes con las legumbres.

Por último te recomiendo las fresas. Suelen estar carísimas, pero tienen muchísimo hierro, además de vitamina C, vitamina K y ácido fólico. Personalmente encuentro las fresas mucho más atractivas que el hígado. Pero si vas a consumir carne, consumir todo el animal es mucho más responsable, nutritivo y sostenible, por lo que también te animo, desde una perspectiva nutricional y ambiental, al consumo de casquería. Aunque lo más riguroso desde ambas perspectivas sería recomendarte la reducción del consumo de carne.

El pelo se cae por otros motivos, que pueden estar vinculados tanto a contaminantes ambientales que interfieren en la salud capilar como al tabaquismo o incluso al estrés.

Cuando nuestro cuerpo está sometido a largos periodos de estrés, esto deja un impacto a nivel metabólico que se traduce en alteraciones hormonales y del ciclo capilar.

El pelo sufrirá también cambios naturales que pueden estar vinculados a las estaciones o a etapas vitales sin que esto signifique que vayamos a permanecer con menos densidad capilar. Pero si experimentamos una caída del cabello sin precedentes, deberíamos consultar por lo menos al médico de cabecera, ya que independientemente de la preocupación estética —que valido totalmente—, podría haber un problema de salud detrás de esa caída.

Peinar canas: éxito para unos y condena para otras

Las canas no significan lo mismo para todas las personas. Mientras que a los hombres puede darles un aire maduro y atractivo, a las mujeres les suponen algo que hay que tapar y esconder.

Culturalmente, la vejez en los hombres se asocia a que han acumulado más madurez y experiencia para cuidar de la familia. Hoy en día ya sabemos que esto no es cierto. La mayor preocupación de muchos hogares es que todos tengan plan fuera un fin de semana menos el padre de familia; ¿qué va a comer? ¿Cómo va a sobrevivir?

A pesar de desecharse en muchas de nuestras cabezas estos estereotipos sobre la valía de un hombre o una mujer en la sociedad, la visión que tenemos sobre las canas nos cuesta más dejarla atrás.

Las canas aparecen por un proceso de despigmentación capilar. La misma melanina que da color a nuestras células y nos protege de la radiación solar, es la que tiñe de forma natural nuestro pelo.

Debajo de los bulbos pilosos, en los que comienza el crecimiento del pelo, tenemos melanocitos, células especializadas en producir melanina que llega directamente al pelo en su formación. Existen dos tipos de melanina: la que da tonos marrones y negros y la feomelanina, que da tonos rubios y rojizos. La combinación de ambas es la que determina la tonalidad final de nuestro pelo.

Con el paso de los años estos melanocitos sufren modificaciones y declive en su función, por lo que no producen melanina, el pelo carece de pigmento y queda en un tono grisáceo o blanco.

Hay factores que aceleran el daño en los melanocitos y, sorpresa sorpresa, el estrés es uno de ellos. No solo el estrés psicológico, sino el estrés celular. Los melanocitos también sufren estrés oxidativo, producido por radicales libres, que afecta al metabolismo celular, llevándolos a su degeneración y muerte.

El melanocito también se queda sin recursos, no solo para compensar los niveles de estrés oxidativo, sino de enzimas clave en la síntesis de melanina como la tirosinasa.

La aparición de las canas cuenta también con un gran componente hereditario, como si tuviésemos ya un tope de melanina que podemos producir dictada por el número y, calidad de melanocitos que tenemos. Su duración también está dictada por los procesos de senescencia celular, apoptosis y capacidad de reemplazo.

Y para terminar este apartado con los déficits nutricionales, del mismo modo que en la caída del cabello la falta de nutrientes puede acelerar la caída, las canas pueden aparecer antes de tiempo si nos falta cobre, zinc, hierro o vitamina B12.

El más importante en este caso es el cobre, que podemos encontrar en mariscos, cereales enteros, nueces y, cómo no, en las legumbres.

Mi conclusión sobre el pelo es que tenemos que consumir ricas y nutritivas legumbres para conservarlo durante más años en su puesto y con su color original. Y si esto no es algo que te preocupe, las legumbres mal no te van a hacer, al contrario.

Salud ósea a lo largo de la vida

Los huesos tienen la fama de darnos sustento y forma. Como si fuese el forjado de una vivienda capaz de soportar su propio peso y las sobrecargas de su uso. Sin embargo, lejos de ser una estructura pasiva de sustento y protección de nuestros órganos vitales, se encargan de fabricar las células de la sangre en su interior, de mediar en nuestro sistema inmunitario y de aportar sustratos fundamentales para la función del sistema nervioso y cardiovascular. Por lo que sí, los huesos participan de la homeostasis y regulación del equilibrio corporal. De hecho, podemos adelantar que todo nuestro cuerpo participa de esto.

Los huesos también están compuestos por células como los osteoblastos, que forman hueso nuevo, y los osteoclastos, que eliminan el hueso que ya está viejo. La paradoja aquí es que con los años los primeros van perdiendo la capacidad de generar nuevo hueso, pero los segundos no se cansan de destruir, lo que provoca una pérdida neta de masa ósea.

La consecuencia de esta pérdida de nuevo tejido óseo que reemplace al viejo es la famosa osteoporosis. Literalmente, el hueso aumenta su porosidad, volviéndose más frágil y quebradizo. Por eso las caídas a edades avanzadas son mucho más peligrosas que cuando somos jóvenes.

En las mujeres, tras la menopausia, la caída en los niveles de estrógenos contribuye a esa dificultad de mantener una buena densidad ósea y por eso la osteoporosis afecta más a las mujeres que a los hombres.

Es muy difícil interferir en este declive de la densidad ósea, ya que se trataría de una intervención directa en el ADN de estas células para que pudiesen mantener su ritmo de renovación. Sin embargo, son muchos los tratamientos que están dirigidos a mantener durante la mayor cantidad de tiempo posible el aporte y la disponibilidad de nutrientes fundamentales en los osteoblastos para que puedan formar hueso.

El hueso funciona también como un reservorio de calcio y otros minerales como el fosfato. El calcio es uno de los minerales más importantes en el cuerpo humano, no solo para el esqueleto sino para la contracción de los músculos y la transmisión de señales en el sistema nervioso. Para tener una buena salud general, no solo ósea, necesitamos mantener a lo largo de la vida un buen aporte de calcio en la dieta.

Cuando pensamos en el calcio pensamos en productos lácteos, que efectivamente tienen altas concentraciones de calcio, pero hay alimentos que pueden equiparar las concentraciones de calcio en los lácteos como la calabaza de invierno, los pescados pequeños que comemos con espinas, el edamame, las almendras o las verduras de hoja verde como las espinacas, las berzas, la col rizada o el kale.

La clave está en la cantidad de calcio biodisponible que tienen estos alimentos, es decir, el calcio que el cuerpo realmente va a asimilar. Por ejemplo, en las verduras tenemos una muy consumida en Asia que está llegando con más frecuencia a España, el pak choy. Un bol de esta verdura contiene el mismo calcio biodisponible que un bol de leche de vaca.

Además, la industria alimentaria se ha puesto las pilas en las últimas décadas con la fortificación de los alimentos, haciendo que tengamos leches vegetales, zumos o tofus a los que se les ha añadido calcio para ayudarnos a conseguir el aporte necesario.

Las espinacas tienen mucho calcio, pero como también llevan muchos oxalatos, estos limitan la absorción de calcio en el intestino, por lo que no los hacen la mejor fuente para este nutriente.

Entender cómo se absorben los nutrientes en el intestino es importante; de hecho, el calcio será fundamental *in situ* para la absorción de otros nutrientes esenciales como la vitamina B12. Pero a su vez, no podemos absorber calcio ni fósforo en el sistema digestivo sin la presencia de vitamina D.

El colecalciferol, también conocido como vitamina D, se produce a través de unas moléculas que están en nuestra piel cuando la radiación solar incide sobre ella. Esto relaciona muy íntimamente la exposición solar con nuestra salud ósea.

La vitamina D no solo ayuda a la absorción de calcio y fosfato en el intestino ambos esenciales para la estructura de los huesos, sino que también va a participar en el proceso de fijación de estos minerales en el hueso y de retirada de estos si el cuerpo los necesita.

Si queremos prevenir y ralentizar la osteoporosis, asegurar un buen aporte de calcio y fosfatos en la dieta, además de la exposición regular a la luz solar para mantener unos buenos niveles de vitamina D, será fundamental.

Antes de pasar a hablar de la musculatura que acompaña a nuestros huesos y a su buen mantenimiento quiero aprovechar para hablar de los cartílagos. Se trata de estructuras que están en las articulaciones, ayudando a reducir la fricción del movimiento en ese punto en el que dos huesos se juntan.

El cartílago es hoy en día el único tejido del cuerpo que no se ha logrado regenerar en un laboratorio. Sobre el resto de las células del cuerpo ya hay avances en cuanto a tomar líneas germinales y lograr nuevas células para hacer injertos y reemplazos. Sin embargo, las articulaciones tienen unas células tan particulares que muchos investigadores trabajan para lograr introducir vectores de ADN en estas células que ayuden a que estas proliferen y se regeneren.

En el CICA, el Centro Interdisciplinar de Química y Biología de la Universidade da Coruña en el que trabajo actualmente como responsable del departamento de Comunicación y Divulgación Científica, son varios los grupos de investigación que trabajan tratando de avanzar en esta frontera de conocimiento. En concreto en el grupo dirigido por Ana Rey, G-Cel, combinan terapia génica y medicina regenerativa en búsqueda de vectores que introduzcan esos genes de los que hablaba en la articulación, para reparar lesiones articulares. Para ello modifican genéticamente células madre mesenquimales y también diseñan matrices activadas con genes para la reparación de este tejido. Este grupo trabaja en colaboración con otros del centro como el de Daniel Nieto, un físico que trabaja en bioimpresión de tejidos en el grupo Advanced Biofab, y el de Roberto J. Brea y Paco Fernández-Trillo (BioNanoChem), que emplea herramientas nano-químicas que podrían introducir en los tejidos de Ana Rey y de Daniel Nieto fármacos para tratar directamente en el tejido la inflamación y dolor característica del envejecimiento del cartílago.

La pincelada final de los cartílagos no es muy alentadora. Hoy en día los tratamientos para abordar el envejecimiento de las articulaciones son paliativos, se enfocan en tratar los síntomas del deterioro que dan lugar a la inflamación, y en consecuencia al dolor y limitación del movimiento. Sin embargo, la esperanza la encontramos en generar conciencia social acerca de la relevancia de la investigación en reparación de cartílago.

Podríamos decir que encontramos muchas terapias para tratar el envejecimiento y reemplazar los tejidos deteriorados con el paso de los años, menos en el caso del cartílago, que todavía no está a la altura del aumento de la esperanza de vida que experimentamos.

Sarcopenia: el declive de la musculatura

Cuando hablamos de músculos pensamos en nuestros brazos, piernas y abdominales, pero todo nuestro cuerpo tiene músculos por todas partes. Todo el sistema digestivo son músculos, el sistema cardiovascular son músculos, el sistema respiratorio y también nuestra vejiga o nuestro útero. Pero no todos los músculos son iguales, tenemos fibras musculares que son cardíacas, otras que son esqueléticas y otras, lisas.

Las fibras cardíacas solo cubren las paredes del corazón, sufren contracciones involuntarias que no dependen de nuestro movimiento consciente y su estructura es un poco diferente a los otros dos tipos. Las fibras lisas también sufren movimientos involuntarios y son las que recubren las paredes de los órganos internos. Por último, las fibras esqueléticas son las más populares y abundantes, se mueven de forma voluntaria y generalmente van unidas al esqueleto para trabajar en nuestra movilidad corporal.

Los músculos esqueléticos son el tejido más abundante en el cuerpo; en individuos con una ratio saludable de grasa y músculo, el músculo supone entre un 40 y un 50 % de toda la masa corporal. También suponen un reservorio de proteínas. Cada vez que las células de otras estructuras corporales necesitan proteínas podrán obtenerlas de la dieta o de esas reservas.

Igual que la grasa, el músculo tampoco es un tejido de sustento que no aporta nada al metabolismo, se trata de un importante regulador del equilibrio de nuestros lípidos y glucosa corporal. Además de servir para sintetizar muchas sustancias relacionadas con nuestro sistema nervioso, lo cual veremos hacia el final del libro.

En definitiva, el mantenimiento de la masa muscular y su funcionamiento va a influir en muchos otros procesos de la salud como el metabolismo general, el movimiento, la respiración o la digestión. Si los músculos envejecen, estas funciones se deterioran.

A lo largo de los años ocurre lo que conocemos como sarcopenia, una pérdida en la masa muscular de nuestro cuerpo. Las fibras musculares se deterioran perdiendo fuerza y elasticidad, lo que hace que los músculos se vuelvan más rígidos.

En la rigidez encontramos la clave de muchas experiencias propias de la vejez. La rigidez en la vejiga, por ejemplo, hace que necesitemos ir con más frecuencia a orinar, ya que dicho órgano no puede estirarse y almacenar más cantidad de orina.

Los músculos del corazón y de las arterias también se vuelven rígidos, dificultando el bombeo de la sangre y elevando la presión arterial.

La rigidez en la musculatura de nuestro sistema digestivo también da muchos síntomas propios de la edad. Las comidas pueden caer más pesadas y aumentar los síntomas extraesofágicos como el reflujo, ya que el esfínter que cierra el esófago deja de funcionar adecuadamente y permite que los ácidos gástricos asciendan por la garganta.

Cuando un reflujo gastroesofágico se cronifica, las células del esófago, que no están preparadas para estar en contacto con los ácidos gástricos, sufren muchos daños, hasta el punto de inflamarse y deteriorar su ADN, y de llegar a producir con el tiempo un síndrome de Barrett, que puede ser la antesala de un cáncer de esófago.

Otro síntoma de la rigidez en nuestro sistema digestivo con la edad es el estreñimiento. Es común que las personas mayores vayan poco al baño y esto no solo se asocia a la pérdida de movilidad con la edad y a la dificultad de mantenerse hidratados, que también, sino que la propia musculatura de los intestinos pierde su característico movimiento peristáltico que va empujando el bolo de comida hasta el recto.

La sarcopenia afecta tanto a los músculos lisos que acabo de mencionar como a los músculos esqueléticos. A medida que envejecemos, la cantidad de fibra muscular se reduce y la calidad de las fibras que quedan empeora. Es un fenómeno que comienza alrededor de los 30 años pero se agudiza en torno a los 50 o 60 años. Por supuesto, aquí el nivel de actividad de la persona, el ambiente en el que vive y la dieta que sigue serán determinantes en la velocidad e intensidad del proceso. De hecho, se pueden contemplar procesos de sarcopenia en personas muy jóvenes y sedentarias en las que el cuerpo ha ido consumiendo la masa muscular por falta de aporte calórico o por falta de estímulo de movimiento.

¿Qué podemos hacer para proteger los músculos? Ejercicio. Practicar regularmente

ejercicios de resistencia y fuerza que impliquen un estímulo gradual en las fibras musculares, acompañados de una dieta rica en proteínas de calidad, es esencial para la regeneración y mantenimiento de la masa muscular.

Los músculos no tienen nada que ver con el cartílago o el hueso. En este caso podemos viajar en el tiempo biológico para atrás deteniendo o incluso revirtiendo el envejecimiento del músculo. Las personas de 50 o 60 años que nunca hayan hecho deporte pueden generar nuevas fibras musculares si empiezan a hacer ejercicio y, teniendo en cuenta los beneficios que veremos más adelante de tener suficiente masa muscular y utilizarla con regularidad sobre otros sistemas del cuerpo y su envejecimiento, empezar a incorporar estas rutinas de entrenamiento en nuestra semana puede ser la mejor decisión que tomemos para retrasar el declive corporal.

€uroenvejecimiento

Estatus socioeconómico y esperanza de vida

Empezamos este libro hablando de cómo nuestro código genético condiciona un 20 % de nuestra salud y longevidad. Ahora toca hablar de cómo nuestro código postal condiciona más nuestra salud que nuestro código genético.

Para entender la salud al completo y cómo nuestra biología se ve afectada por el entorno, debemos hacer uso de publicaciones científicas interdisciplinares que estudien nuestro bienestar en su contexto. Esto no implica solo el ambiente natural en el que vivimos —el clima, la temperatura o la cantidad de horas de luz solar que tenemos—, sino los recursos a los que tenemos acceso en ese hábitat.

En la actualidad no vivimos en espacios naturales, sino que diseñamos ciudades y espacios que compartimos en sociedad y que determinan mucho cómo es nuestro día a día.

La gestión de residuos, la industria, el diseño urbanístico, el transporte, la economía y los recursos públicos de los que disponemos son factores que afectan al funcionamiento de nuestras mitocondrias.

El estatus socioeconómico se describe como el acceso o posesión de recursos materiales y no materiales de una persona. Igual que el código genético, este nos viene dado de nacimiento. Según en qué familia nazcas o en qué región vas a tener acceso o no a estos recursos.

El estatus socioeconómico también puede variar a lo largo de la vida. Del mismo modo que la epigenética puede hacer alteraciones en el código genético, que son incluso heredables por nuestra descendencia, una familia puede acumular riquezas que pasan de generación en generación.

En el contexto de este libro me parece interesante no afrontar esta noción del estatus socioeconómico heredable como una cuestión individual o familiar. No tengo formación para analizar si el ascensor social es una realidad o no, ni me voy a perder en esos datos. Pero como sociedad sí podemos analizar de qué modo vamos gestionando los recursos comunes y si esta gestión mejora o empeora la calidad de vida de las generaciones futuras.

Cuando estudiamos la salud vinculada al estatus socioeconómico aparecen datos que me hacen pensar que, como sociedad, estamos poniendo metilaciones (modificaciones a nivel epigenético) en la vida de la gente que quedan pegadas a su salud simplemente por cómo se estructuran las ciudades y los espacios comunes.

Pongámonos en el lugar de un bebé que nace en un barrio ubicado a las afueras de una ciudad española, en una de esas áreas metropolitanas en las que apenas hay servicios, sino edificios para que la gente que trabaja en la ciudad vaya a dormir y a hacer vida en su casa.

¿Qué tipo de vida esperamos de una zona en la que no tenemos plazas, zonas verdes, parques infantiles, polideportivos, centros cívicos, bibliotecas, piscinas u otros recursos comunes tan vinculados a la salud de las personas?

Si ese niño llega del colegio a su barrio, lo más lógico es que no le quede otra alternativa que irse a su casa y entretenerse en el interior como

buenamente pueda. Sin la fortuna de una familia con muchos recursos, las alternativas de ocio domésticas puede que no sean las más saludables.

Muchas publicaciones vinculan las altas tasas de sedentarismo a estas áreas urbanas, y tiene todo el sentido del mundo. Al no disponer de servicios y ocio en el entorno es probable que tengan que desplazarse en autobús o vehículo particular, porque por desgracia ni siquiera habrá un carril bici que conecte bien estos barrios con la ciudad.

La falta de alternativas de ocio al aire libre relega indudablemente a estas personas a sus hogares. Por mucho que pienses que puedes salir a caminar o a correr para mantenerte en forma, el añadido que muchas veces tienen estas áreas son índices más altos de criminalidad, por lo que tampoco va a ser habitual ni seguro que dejes salir a jugar y correr a tus hijos a la calle ni que lo hagas tú mismo.

Al sedentarismo de estas zonas, algunos estudios suman un mayor índice de restaurantes de comida rápida próximos a estas áreas urbanas. No están ahí por azar, sino que es una estrategia de las propias cadenas de restaurantes, cuyos precios asequibles permiten que una familia de bajos ingresos pueda ir allí a comer o cenar.

Si a la falta de acceso a espacios en los que hacer actividad física de forma segura y habitual le sumamos la falta de oferta de ocio saludable, la falta de una oferta gastronómica saludable y la falta de recursos materiales para pagar un carrito de la compra lleno de alimentos verdaderamente saludables y nutritivos, el resultado son personas más sedentarias y con mayores índices de obesidad.

Sedentarismo y obesidad

La masa muscular que se genera y se mantiene gracias a la actividad física regular es fundamental para la salud y la longevidad del cuerpo. Consideramos actividad física regular caminar por lo menos 40 minutos al día continuados —un total de unos 8.000 o 10.000 pasos al día— y practicar algún deporte o actividades de resistencia de unas 3 a 4 veces por semana.

Las exerquinas son moléculas que se producen en la contracción de las fibras musculares y se liberan al torrente sanguíneo, tienen impacto sobre los tejidos corporales y sirven, sobre todo, para favorecer el trabajo del sistema inmune y la reparación de tejidos. Ayudan también a regular los niveles de azúcar en sangre e impactan muy

positivamente en el sistema nervioso, como veremos en el apartado «Neuroenvejecimiento».

El sedentarismo es un hábito de riesgo para la salud, y cada vez vamos destapando más capas de los impactos negativos que puede tener en nuestro cuerpo. Investigaciones recientes apuntan a que el sedentarismo y sus perjuicios para la salud no se solucionan simplemente con estas recomendaciones de caminar 8.000 pasos al día o practicar deporte un par de veces a la semana, ya que dependiendo de lo que hagas el resto del día podría considerarse, desde un punto de vista clínico, que eres igualmente una persona sedentaria.

Resulta que nuestra biología espera que mientras estamos despiertos llevemos a cabo conductas que impliquen dinamismo en la movilidad. La evolución nos ha preparado para estar en reposo solo durante el sueño, en el que los sistemas del cuerpo experimentan adaptaciones para entrar en esa fase sin que esa pausa resulte perjudicial para nuestros tejidos. Sin embargo, en las horas de luz y de vigilia nuestro organismo está diseñado para estar moviéndose con frecuencia.

Estar 8 horas en una oficina sentados con una pausa de media hora para el café, en la que probablemente también te sientes, te convierte en una persona sedentaria, aunque después hagas deporte o te muevas. El impacto de estar tanto tiempo sentado ya existe en el cuerpo.

Obviamente no te digo esto para empujarte al sedentarismo continuo. El poco o mucho ejercicio que hagas a la semana suma, es positivo y no debes retirarlo. Simplemente es interesante adquirir conciencia de cómo podríamos mejorar nuestro día a día en los entornos laborales que nos invitan a estar horas sentados o incluso qué tipo de ocio elegimos al salir de trabajar, si tenemos la suerte de elegir.

Por suerte muchas empresas se van poniendo las pilas con esto y desde la prevención de riesgos laborales se fomentan las pausas activas, en las que se deja un espacio y se anima a los empleados a moverse cada cierto tiempo. Del mismo modo que se nos sugiere descansar la vista cada 20 minutos del ordenador, para no agotar los músculos que ayudan a enfocar la vista, es importante levantarse, caminar, estirar la musculatura y favorecer una buena circulación de la sangre por el cuerpo.

Muchas horas en una silla implican problemas en la circulación y estrés para los tejidos, que van a experimentar estrés oxidativo y daños celulares muy difíciles de reparar. Para colmo, si estamos muchas horas en espacios sin luz natural, ni siquiera contaremos con los beneficios de la luz infrarroja, que ayuda a que las mitocondrias puedan gestionar el estrés oxidativo.

La rutina a la que nos empujan ciertos entornos laborales puede ser muy perjudicial, y este no es un cambio que podamos hacer a título individual, sino que requiere de conciencia colectiva y de generar una cultura laboral saludable.

Antes de que todos nos lancemos a opositar a revisores de parquímetros, repartidores de correos o policías locales, vamos a mantenernos optimistas. Hace 100 años parecía impensable regular la jornada laboral y limitar la cantidad de horas que puede trabajar una persona, y me gustaría pensar que dentro de 100 años nos resultará inimaginable que alguien trabaje sentado tantas horas en una oficina.

Lo deseable para mejorar la calidad de vida de las personas es entender cómo funciona un cuerpo humano y adaptar las jornadas a ello, ya que el cuerpo no va a adaptarse a la jornada por mucho que forcemos. Lo que ocurre es que como las consecuencias las pagamos individualmente parece que no pasa nada. Pero ya sabemos que hay cosas que se consiguen a través de la popularización del conocimiento, despertando alarma social al respecto y protestando de forma colectiva.

Siempre habrá puestos de trabajo que requerirán de estar periodos largos en una misma posición. Pero el hecho de que esto se lea como un riesgo para la salud cambia mucho la circunstancia de la persona y las alternativas para mejorar su condición. Los trabajos que implican riesgos para la salud, en consecuencia, deberían tener no solo más rotación de personal para minimizar el impacto, sino más retribución económica.

Es más, con la tecnología de la que disponemos hoy en día, me gustaría pensar que estamos más cerca que hace un siglo de normalizar el acceso a oficinas dinámicas, en las que sea posible contar con escritorios elevables para poder sentarnos, o trabajar de pie o que incorporen cintas andadoras u otros recursos que nos permitan mantener la movilidad.

Esto es lo que a mí me gustaría a partir de la evidencia que encontramos en lo relacionado con el sedentarismo; por ello responsabilizo a la persona que contrata, pues considero que es quien debe cuidar la salud y calidad de vida de sus empleados durante el tiempo que estén trabajando en su empresa. ¿Que luego el empleado llega a casa y quiere tirarse 5 horas en el sofá a pesar de vivir rodeado de polideportivos y zonas verdes? Genial, que haga lo que quiera. Pero mientras una persona esté en el trabajo debería tener todos los recursos posibles para minimizar el impacto del sedentarismo en la salud. Del mismo modo que es responsabilidad de la empresa proveer equipos de protección individual y medidas de seguridad en una fábrica, también se regulan las condiciones de los espacios de trabajo, y ojalá llegue la evidencia científica sobre el sedentarismo a la sociedad para apretar las tuercas a los que nos sientan en una silla 8 horas al día sin alternativa ni compensación que contemple ese riesgo para la salud.

Uno de los riesgos del sedentarismo es terminar con una ratio de masa muscular y tejido graso perjudicial para la salud. Aquí llega mi momento de recomendaros mi libro anterior, *Este libro te hará vivir más (o por lo menos mejor)*, Paidós, 2023, en el que explico detalladamente qué es el tejido graso, qué tipos celulares tiene y cómo afectan a nuestra salud. Si este es un tema en el que quieres profundizar, te animo a leerlo, ya que entenderás mucho sobre el metabolismo de las grasas en relación con la actividad física y la alimentación.

Ahora me gustaría profundizar más en cómo afecta el sobrepeso y la obesidad en la esperanza de vida de una persona.

Un tejido graso en el que las células estructurales, adipocitos, se han hipertrofiado por una acumulación excesiva de grasa es un tejido metabólicamente dañino. En estas circunstancias, la grasa empieza a sintetizar una gran cantidad de moléculas proinflamatorias que ponen en alerta al sistema inmune. Se genera una inflamación crónica que agota los recursos de reparación celular, dejando al cuerpo indefenso.

Además, algo que ocurre con la obesidad es un aumento del tamaño corporal, que no menciono por destacar una obviedad, sino por rescatar el concepto de que los cuerpos más grandes tienen un mayor número de células en el organismo y, por lo tanto, muchas más oportunidades de que ocurran errores en la replicación de esa gran cantidad de células. Si a esto le sumamos un organismo incapaz de reparar esos daños y un sistema inmune agotado, nos topamos con un deterioro general de la salud corporal.

Estos mecanismos también explican la alta incidencia del cáncer en las personas con obesidad. Para detener a las células en las que se despiertan oncogenes que las llevan a una replicación egoísta sin fin, necesitamos un sistema inmune funcional que sea capaz de detectar y eliminar esas células del cuerpo. Si tenemos a los soldados agotados de luchar contra la inflamación generalizada que provoca el tejido graso, no pueden actuar adecuadamente.

La obesidad es una consecuencia multifactorial de la interacción entre la genética y el entorno. No vamos a caer en reducirlo todo a la dieta y a la actividad física, ya que existen muchas cuestiones genéticas, metabólicas o incluso de microbiota, entre otras, que pueden dar lugar a la obesidad. Sin embargo, independientemente del origen, las consecuencias en la salud son las mismas, por lo que es importante que se continúe investigando sobre las causas de la obesidad y el desarrollo de terapias seguras y accesibles para mejorar esta circunstancia de riesgo.

De la industria a la diabetes y de vuelta a la industria

Si bien la obesidad es multifactorial, ante un superávit dilatado en el tiempo, la mayoría de los cuerpos podrían ser obesos, y los entornos que promueven vidas sedentarias y dietas sostenidas por ultraprocesados y alimentos de baja calidad nutricional suponen un riesgo importante.

La industria alimentaria que trabaja en los ultraprocesados diseña estos alimentos para jugar con las señales de hambre y saciedad de nuestro cuerpo en su favor. Estos productos, generalmente de una alta densidad calórica pero de muy baja densidad nutricional, nos incitan a un sobreconsumo y, por lo tanto, a un gasto excesivo en la alimentación. Estarás pensando en la paradoja de que haya dicho que las personas con menos recursos son más vulnerables al sobrepeso por lo accesibles que son estos productos, a la vez que digo que se gasta más dinero en ellos. Bien, cada vez que una persona compra productos ultraprocesados no lo hace solo mirando el precio, que también, sino por cómo están diseñados y colocados esos productos en el supermercado.

Su consumo tiende a ser fácil y rápido, lo cual encaja con un estilo de vida en el que no hay mucho tiempo para ponerse a hacer recetas caseras nutritivas. Si bien una persona con tiempo y conocimiento puede hacer una compra saludable y económica, generalmente esto conlleva planificación y el lujo de tener tiempo para cocinar. Si además heredas esa cultura en tu propia casa de recurrir a alimentos precocinados y ultraprocesados, es posible que lleves esa inercia a la compra sin plantearse otras alternativas más saludables y, a veces, más económicas.

Como sociedad, hemos llegado al absurdo de que una industria se lucra participando en la generación de una población cada vez más obesa, para que después aparezca otra para remediar el problema: la industria farmacéutica.

Vamos a empezar repasando lo que es la diabetes para entender por qué está incluida junto a la obesidad en este apartado tan lucrativo de €uroenvejecimiento. En concreto, vamos a hablar de la diabetes tipo II. Se trata de un trastorno metabólico en el que las células pierden la capacidad de incorporar su principal combustible: la glucosa.

Para que la glucosa, también conocida como azúcar, entre en nuestras células, esta necesita que la insulina le abra la puerta. Esta hormona se segrega en el páncreas y se libera al torrente sanguíneo, viajando por el cuerpo para asegurarse de que la glucosa llega a su destino y tenemos energía suficiente.

La insulina participa del proceso de regulación homeostática, coordinándose con el resto del funcionamiento corporal. Está pendiente de las señales de hambre y de la ingesta que hacemos para funcionar. Cuando ingerimos alimento, la insulina aparece enseguida, y una vez se digieren los hidratos de carbono y se absorben en la sangre, los ayuda a penetrar en las células hambrientas.

Una vez saciadas las células, ya no reciben más glucosa. Cuando han comido y obtienen la suficiente glucosa, detienen la demanda; sin embargo, si hay mucha glucosa en la sangre, la insulina trata de abrir esas puertas. Las células agotadas le dirán que «basta» y acabarán por no hacer caso a la insulina. Así es como se adquiere la famosa resistencia a la insulina. Las células se vuelven indiferentes al aviso de esta hormona y no abren sus puertas.

La resistencia a la insulina se da cuando hay un exceso de alimento sostenido en el tiempo. Se genera una acumulación de grasa en el hígado y en el músculo esquelético, que aumenta las vías de señalización que desbalancean la sensibilidad y señalización celular de la insulina. Este proceso hace que los músculos dejen de consumir tanta glucosa. De hecho, la resistencia a la insulina, de los músculos ocurre antes que la hepática, por lo que los azúcares que no se logran introducir en los músculos acaban llevándose al hígado, donde se convierten en grasas.

Una vez que se ha adquirido esa resistencia a la insulina, la persona estaría en un paso previo a la diabetes y en una situación metabólica que induce la obesidad. Como si se hubiese *hackeado* un sistema que se retroalimenta positivamente.

En esta situación, el sistema inmune participa infiltrando macrófagos en el tejido adiposo blanco, y el efecto que tiene es que se aumenta la lipólisis: se movilizan grasas de las células adiposas y viajan al hígado para convertirse en triglicéridos, que pueden acumularse allí mismo o también en el músculo. Esto contribuye a la aparición de lo que llamamos hígado graso y a más resistencia a la insulina. De ahí ese efecto de retroalimentación en el que cada vez el sistema funciona peor.

La insulina suele encargarse de inhibir la lipólisis en el tejido adiposo. Lo que consigue con esto es que los lípidos se queden dentro de las células adiposas. Para nuestra lógica más intuitiva esto es malo, ya que siempre pensamos en que hay que movilizar grasas y quemarlas. Sin embargo, la lipólisis ha de ser algo muy controlado y estructurado, pues si no hay una demanda energética que vaya a oxidar estos ácidos grasos, lo que hace es transformarse en el hígado y aumentar la disponibilidad de ácidos grasos en la sangre, que se pueden acumular en el hígado, en el músculo, generando inflamación allí también.

Cuando hay una resistencia a la insulina y las células del tejido graso dejan de responder adecuadamente a esta hormona, se activan enzimas que mandan estos ácidos grasos a la sangre, aumentando así nuestra lipotoxicidad. Esto es lo que vemos en las analíticas de sangre cuando nos miran el colesterol y los triglicéridos. Están buscando señales de peligro cardiovascular, ya que todo esto podría ser la antesala de una diabetes.

Si en las analíticas buscamos los lípidos intramiocelulares (IMCL), los que aparecen entre las fibras musculares, son mejores predictores de la resistencia muscular a la insulina que la masa grasa de una persona. Estos lípidos se acumulan cuando hay desajuste entre la oxidación de lípidos y el aporte de lípidos a la fibra muscular. Estos son prioritariamente triglicéridos. El IMCL se correlaciona fuertemente con la resistencia a la insulina muscular en individuos sedentarios. Por lo que si solo te miran el colesterol y poco más, no estarán haciendo un análisis completo que pueda descartar los riesgos o detectar primeros estadios de una resistencia a la insulina.

Cuando aparece la resistencia a la insulina, el páncreas responde sintetizando más cantidad. Se establece así un bucle de células saturadas de glucosa que rechazan la insulina y mientras que hay más insulina secretada por el páncreas, que sigue detectando que hay glucosa en la sangre y trabajo pendiente. Sin embargo, el trabajo del páncreas se acaba. Llega un momento en el que no puede más y deja de sintetizar insulina. Total, ¿para qué? ¡Si nadie la está utilizando!

Llegados a este punto, la glucosa lo tiene imposible para entrar en las células, que no solo tienen resistencia a la insulina, sino que ni siquiera hay insulina en la sangre para ayudarlas a entrar. En este punto podríamos decir que la persona tiene diabetes tipo II y necesitará de tratamiento farmacológico de forma crónica para introducir azúcar en sus células.

La propia condición de la diabetes es perjudicial para los tejidos, ya que si el azúcar no entra en las células, estas padecen un gran estrés que puede llegar incluso a dañar los tejidos, impidiendo la replicación de las células. Además, la glucosa libre por la sangre es muy dañina para los tejidos y proinflamatoria. De hecho, el consumo repetido de alimentos ricos en azúcares, que suben mucho los niveles de azúcar en sangre, se ha asociado con un envejecimiento prematuro de la piel, pues dificulta el buen transporte de nutrientes a través de la sangre a las capas superficiales de la epidermis.

Además de esto, la diabetes, como la resistencia a la insulina, promueve una acumulación de grasas que sigue retroalimentando ese camino hacia la obesidad. Este aumento e hipertrofia de las células adiposas es el que está asociado con esa inflamación y mayor riesgo de padecer otras patologías metabólicas o incluso de cáncer.

Por supuesto, la sociedad está más que informada de los riesgos de la diabetes y de la obesidad. Pero por si no fueran suficientes, una cultura con cánones estéticos muy estrictos se encarga de posicionar social y moralmente por encima a las personas delgadas. Esto, lejos de suponer una buena vía para luchar contra las causas de la obesidad, solo promueve el estigma y el intento de conseguir la delgadez a cualquier precio, porque el fin ya no es la salud, sino entrar en el canon de belleza.

Una industria nos acompaña de la mano a la resistencia a la insulina, la obesidad y la diabetes. Mientras la industria se lucra diseñando productos que sean lo más adictivos posible, con posicionamiento en supermercados y campañas de publicidad que desaten al máximo nuestra impulsividad de compra y consumo, nuestras células van cerrando la puerta a la insulina y acercándonos al riesgo metabólico. La siguiente parte del camino la recorremos de la mano de la industria de la moda y la belleza, que nos va leyendo al oído todo lo que está mal con nuestro cuerpo. En la otra oreja, la gente y la comunidad médica gritándonos que si tenemos problemas de salud son culpa nuestra y que todos están relacionados con el sobrepeso.

Para el camino de vuelta, después de estar obesos, sedentarios, enfermos y con la autoestima por los suelos, nos espera la industria farmacéutica, que va a recoger nuestros pedazos llevándose la medalla de heroína y millones en el bolsillo.

En general no tengo nada en contra de la industria farmacéutica, trabajé incluso en ella. Pero la misma empresa que hace en Estados Unidos anuncios que se proyectan en gimnasios de cómo los fármacos inyectables van a ayudarte a perder peso, independientemente de un diagnóstico clínico, me parece que participa de la etapa 2 de la sociedad, presionando a usar sus fármacos independientemente de la salud.

En este contexto, fármacos como Wegovy, el hermano pequeño de Ozempic, se posicionan como una alternativa en el mercado para las personas que sin tener diabetes o indicación clínica para el consumo de este tipo de medicamentos, puedan usarlo para perder peso sin desabastecer los almacenes de Ozempic.

El principio activo de estos fármacos es la semaglutida, diseñada para el tratamiento de la diabetes tipo II. Un gran hito en la investigación y en la transferencia de estos resultados a la sociedad.

La semaglutida es muy parecida a una hormona natural del cuerpo, el GLP-1. Sus funciones son ayudar al páncreas a liberar insulina y ayudar a regular el apetito activando regiones del cerebro involucradas en la sensación de saciedad. Con este efecto saciante, y ayudando a las células a introducir la glucosa en su interior, el tratamiento con semaglutida ayuda a bajar el peso corporal aumentando la sensibilidad de las células a la insulina. Es muy efectivo para controlar la diabetes tipo II en cualquier persona, independientemente, de su sexo y su peso. Por esto es un hito tan grande en la ciencia.

El tratamiento tiene muchos posibles efectos adversos, sobre todo en casos de tener que tomar la medicación de por vida. Pero mi papel en esta parte es recomendar que cualquier tratamiento venga de la mano de un profesional. En España es imprescindible la receta y la supervisión de un médico, pero la desesperación por conseguir adelgazar, incluso cuando no está indicado el uso de un fármaco como este, puede llevar a personas sanas a utilizarlo fuera de indicación.

No estoy condenando este tratamiento en absoluto, creo que puede hacer mucho más bien que mal. Sin embargo, entra en una sociedad que todavía no está preocupada realmente por la salud, sino solo por la estética.

¿A qué velocidad se reproduce el vídeo de tu vida?

He de empezar este apartado con durísimas declaraciones que llamarán tu atención: comer mucho, lo «quemes» o no, te está matando. Es la versión más dura de esta afirmación, y este apartado va a consistir en rebajar ese dramatismo con la ciencia que hay detrás de la poca verdad que contiene esa frase.

Ya hemos visto el mecanismo del ciclo celular, cómo nuestros órganos funcionan gracias a la sustitución de las células que cumplen en equipo las funciones de un tejido y cómo esa sustitución implica que se están replicando constantemente. Esa división celular constante es la que lleva a posibles errores y mutaciones en el ADN de las células, que no solo no son reversibles, sino que es el ADN el que seguirá replicándose con esos errores y maximizando poco a poco el mal funcionamiento de los órganos.

Cuando un ser humano experimenta mucho crecimiento corporal, ya sea en forma de grasa o músculo, está sometiendo el cuerpo a un pequeño avance, como cuando vemos los vídeos de YouTube a velocidad 1,5.

Los periodos en los que más rápido ponemos la cinta de la vida son la infancia y la adolescencia. Realmente, el resto de nuestra vida adulta no experimenta generalmente cambios tan bruscos en la morfología corporal, salvo en caso de embarazo. Sin embargo, entre los aspectos que regulan la velocidad a la que se replican las células está la demanda que ofrece nuestra conducta.

Hay cosas que hacemos los humanos que pueden hacer crecer nuestro cuerpo, como por ejemplo comer mucha cantidad de comida. En el momento en el que el organismo detecta un excedente de calorías va a almacenarlas, y cómo se almacenen va a depender del estímulo que reciba el cuerpo. Si hay mucha actividad física y se da el ambiente metabólico adecuado, podríamos estar engrosando o generando nuevo tejido muscular. Si no hay ese estímulo, el superávit generalmente se almacenará en forma de grasa en los adipocitos existentes y también se generará nuevo tejido adiposo.

La conducta humana es capaz de hacer su propio cuerpo más grande a través de la alimentación y el ejercicio; y el resto del cuerpo, no solo la grasa o el músculo sino también, por ejemplo, la piel, ha de replicarse con más intensidad para estirarse y adaptarse a los cambios corporales. Generalmente esto nos lleva a pensar en personas obesas, porque cuando hablamos de que recortamos la longevidad tendemos a pensar que esto solo ocurre con los hábitos poco saludables que se pueden asociar a la obesidad, como el sedentarismo o una dieta hipercalórica sostenida en el tiempo.

Pero encontraríamos una situación similar en cuanto a replicación celular si ponemos de ejemplo a una mujer culturista cuyo objetivo es el crecimiento de la masa muscular: se trata de una persona que entrena con frecuencia para estimular el engrosamiento de las fibras musculares y que lleva una dieta hipercalórica muy cuidada a nivel nutricional.

En este punto me imagino que si estuviese hablando de esto en Instagram, tendría una gran retahíla de comentarios del tipo «no me vas a comparar la salud que tendrá una persona y otra». Y no, no lo voy a hacer porque, una vez más, hemos de individualizar los casos, tratar de evitar las generalidades y también la búsqueda de la salud en absolutos de todo o nada. En el marco de una vida dedicada al culturismo, incluso en su mejor versión, en la que no se permite ningún tipo de dopaje y a pesar de tener una dieta cuidada y practicar deporte, puede haber muchas consecuencias perjudiciales a nivel cardiovascular, lesivo o de vulnerabilidad ante el desarrollo de trastornos de conducta alimentaria.

Otra diferencia importante en una persona que tiene sobrepeso a base de masa muscular es que el músculo es un tejido que produce sustancias antiinflamatorias que ayudan a regular el metabolismo del azúcar de forma favorable, mientras que el tejido adiposo hipertrofiado tiene un efecto perjudicial. Si tenemos que elegir un sobrepeso, podríamos inclinarnos por el que está hecho a base de músculo. Pero en cualquier caso, estamos ante un cuerpo con muchísimas células y una gran demanda de trabajo para sus estructuras de sostén y el sistema circulatorio. Si nos limitamos a hablar de longevidad, no estamos ante los ingredientes de un cuerpo favorable para alcanzar dicha cualidad.

En este sentido, la ciencia nos invita a pensar en los cuerpos como en un vídeo que podemos ver más o menos rápido. La comida no es el único factor que influye en la velocidad de reproducción celular, ya hemos visto muchos otros que deterioran el organismo a gran velocidad. Sin embargo, la moderación en la ingesta y los periodos de ayuno no solo tienen el efecto de que las células se replicarán menos, sino que un metabolismo en ayunas tiene algunos cambios que pueden resultar interesantes para la longevidad.

Ayuno y longevidad

Cuando un cuerpo pasa muchas horas sin comer sufre cambios en el funcionamiento de su metabolismo. Esto ocurre porque a lo largo de la evolución la especie humana ha ido sufriendo adaptaciones para sobrevivir a largos periodos sin ingerir alimento. Hoy en día muchas personas tenemos alimentos a nuestra disposición no solo a diario, sino varias veces al día, mientras que nuestros antepasados podían pasar días sin comer, lo cual generó sistemas de protección corporal para alargar la supervivencia. Si bien el ayuno es un estrés para el metabolismo, la respuesta a este puede estimular mecanismos vinculados a la longevidad.

En mi anterior libro también dediqué unas cuantas páginas al ayuno. Era un ejercicio de prudencia que ponía de relieve la necesidad de analizar los datos que la evidencia en metabolismo arroja sobre el ayuno y la evidencia científica respecto a la salud mental.

Las prácticas de ayuno y restricción calórica se han asociado con la aparición de trastornos de la conducta alimentaria. Por ello, y por si hiciese falta la aclaración, si vas a practicar ayuno para aumentar tu esperanza de vida, déjame decirte que los trastornos de conducta alimentaria se asocian no solo con una pérdida en la calidad de vida, sino con una disminución en la esperanza de vida.

Es muy complicado aplicar a personas cuyos contextos culturales y sociales son tan complejos la evidencia científica que se encuentra en investigaciones realizadas en tejidos, animales o personas con condiciones muy determinadas.

La motivación que alguien tenga para realizar un ayuno intencionado puede afectar a su vulnerabilidad para padecer o no un trastorno de conducta alimentaria secundario a este. Es por esto que antes de hacer cambios drásticos en nuestra alimentación, hay que valorarlos con un experto en nutrición y alimentación saludable, como un nutricionista que pueda guiarnos, para no poner en riesgo nuestra salud física y mental.

Con todo este *disclaimer* ejecutado, ya podemos hablar de la evidencia al respecto del ayuno, para entender más nuestro metabolismo y la ciencia que hay detrás de los mecanismos de longevidad corporales.

Todos los días experimentamos fases de ayuno cuando dormimos, por eso des-ayunamos. Pasamos de un estado metabólico de niveles muy bajos de glucosa en sangre, que pueden llegar a la hipoglucemia, a la ingesta de alimentos que ponen glucosa en la sangre y estimulan la síntesis de insulina para introducirla en las células.

El papel de la insulina en el organismo no acaba simplemente en su papel de cerrajera. Los niveles de insulina en sangre pueden relacionarse también con la esperanza de vida y la salud de una persona. En sus extremos, puede tener efectos contrarios.

Mientras que un exceso en los niveles de insulina está asociado a un envejecimiento acelerado y a la aparición de enfermedades metabólicas, los niveles bajos de insulina ocasionados por el ayuno se han asociado a la activación de mecanismos de reparación celular y un aumento de la longevidad.

A nivel molecular la insulina actúa sobre su cerradura, también llamada «receptor de insulina». Cuando se une inicia una cascada de reacciones, que actúan dentro de la célula, conocidas como la vía de señalización de la insulina. Este proceso afecta a la actividad de varias proteínas involucradas en el metabolismo celular. Por si quieres ampliar más tu conocimiento sobre los grandes nombres de las proteínas más mencionadas en las publicaciones científicas sobre envejecimiento, te diré que están incluidas la vía de señalización de una proteína llamada quinasa activada por AMP (AMPK) y la vía de la mTOR. Esta última obtiene su sigla del inglés *mammalian target of rapamycin*, que significa «diana de rapamicina en células de mamíferos». Nos interesa mucho el funcionamiento de mTOR porque sabemos que regula el crecimiento celular y la respuesta al estrés, por lo que su actividad está íntimamente ligada al envejecimiento. También nos interesa la función de AMPK, que se activa cuando los niveles de energía celular son bajos y promueve procesos de reparación celular y adaptación al estrés, lo que puede retardar el envejecimiento.

En concreto, la activación de AMPK durante el ayuno mejora la eficiencia energética celular y promueve la autofagia, el proceso en el que las células degradan y reciclan componentes dañados del entorno y aumenta la reparación del ADN. Además, la restricción calórica también inhibe la señalización de mTOR, lo que reduce el crecimiento celular y la síntesis de proteínas.

Cuando ingerimos comida y se elevan los niveles de insulina se activa un factor de crecimiento celular llamado IGF-1, que a su vez viene activado por la presencia de la hormona del crecimiento. A esta ya la habíamos abordado anteriormente, vinculándola a esos procesos de crecimiento corporal acelerados como la infancia o la adolescencia.

Pero sigue mediando a lo largo de nuestra vida en los procesos de replicación y crecimiento de los tejidos.

Todo ocurre en el hígado, la estimulación de recibir alimento y la hormona del crecimiento hacen que se sintetice allí el IGF-1, que funciona como una de las principales moléculas mediadoras de los efectos de la hormona del crecimiento (GH) sobre el crecimiento y desarrollo celular, y juega un papel crucial en la proliferación celular, la diferenciación y la reparación de los tejidos. Aunque la insulina y el IGF-1 son moléculas distintas, ambas comparten una estructura química similar y utilizan vías de señalización que se solapan, particularmente la vía de la PI3K/AKT/mTOR.

Estos nombres de vías complejas no nos hace falta tenerlos en cuenta. Simplemente tenemos que quedarnos con el concepto de que cuando el factor IGF-1 se une a sus receptores en las células (los tiene, igual que la insulina) produce una cadena de reacciones en la célula que en este caso van más allá de la entrada de la glucosa en la célula.

Cuando la exposición a IGF-1 de las células es constante y se activa repetidas veces la vía mTOR, esta empieza a activar el crecimiento celular y la síntesis de proteínas. Si esto sigue manteniéndose también en el tiempo, puede promoverse la temida acumulación de daño celular y proliferación descontrolada asociada al envejecimiento y, en ocasiones, a la aparición de tumores.

Si aplicamos este conocimiento a los periodos de ayuno, podemos ver cómo el hecho de no aportar un estímulo constante a estas rutas puede dar lugar a evitar que se desencadenen esas reacciones poco deseables para el bienestar de nuestros tejidos.

Otro de los mecanismos clave por los cuales el ayuno puede promover la longevidad es a través de la reducción del estrés oxidativo. Durante el ayuno, los niveles de especies reactivas de oxígeno disminuyen, lo que puede proteger a las células de este daño. Además, el ayuno activa mecanismos antioxidantes que protegen a las células del daño oxidativo y promueven la reparación de los daños celulares.

En resumen, la restricción dietética o el ayuno —en caso de ejercerse con una nutrición adecuada en la que no hay déficits de nutrientes para el organismo— puede ser interesante para retrasar el envejecimiento e incluso prolongar la vida. Sin embargo, la evidencia sobre su aplicabilidad clínica como tratamiento despierta muchas preguntas que siguen todavía sin respuesta.

Actualmente, el futuro de estas investigaciones no se centra ya en establecer protocolos de ayuno, como el ayuno intermitente o los que duran uno o varios días, sino en estudiar el impacto de la restricción de componentes dietéticos específicos como aminoácidos, azúcares específicos, metabolitos de la microbiota o grasas que regulan nuestra salud y longevidad.

Te digo que no podemos hablar de aplicabilidad clínica porque la mayoría de los estudios que demuestran más beneficios para la restricción y el ayuno están hechos en otros animales, como por ejemplo los ratones. En aquellos realizados en humanos se ha encontrado disminución en la incidencia de cáncer, descenso en marcadores inflamatorios y mejora en la función renal. Pero hoy en día no hay consistencia a la hora de afirmar que prolonga la vida de las personas. Se encuentran beneficios para la salud, pero también muchos riesgos vinculados a la aplicación de estas restricciones.

No deberíamos defraudarnos con estos resultados ya que, por suerte, los beneficios que se encuentran en la salud y sus posibles relaciones con la longevidad son compartidos con otras prácticas como una dieta completa y nutritiva, un buen descanso, práctica de deporte regular y, en definitiva, llevar una vida saludable en un contexto social que lo acompañe.

Para concluir, lo más interesante respecto a estas investigaciones sobre el ayuno es el conocimiento que puede arrojar sobre los mecanismos de la longevidad. En moscas y en algunos mamíferos sí se ha encontrado ya un claro vínculo entre la restricción dietética y la esperanza de vida. Con esto no quiero decir que debamos hacer ayunos, o que el futuro vaya a estar en que se nos recomiende ayunar para vivir más años, sino que nos acercamos cada vez más a entender en profundidad los mecanismos celulares y metabólicos que regulan la actividad celular, la aparición de tumores, el desarrollo de enfermedades metabólicas y, también, a cómo podemos intervenir sobre esos procesos de forma segura.

Creo que no debemos leer estas investigaciones buscando aplicar el ayuno a nuestro día a día, sino verlas como una ventana útil para prevenir enfermedades crónicas, promover una buena salud ambiental, entendiendo lo que la afecta, y también impulsar el desarrollo de agentes y tratamientos que nos protejan frente al envejecimiento. Dicho esto, esperemos que sin riesgo de pasar hambre desmedida y contraer un trastorno de conducta alimentaria, pronto tengamos suplementos que nos ayuden a alargar la vida, si es lo que queremos hacer, y a mejorar nuestra salud. Y de paso, que se hagan de forma accesible para toda la población sin que suponga un solo un privilegio para los que se lo puedan permitir. En este libro nos mantenemos cautelosos con respecto a convertir la salud en un negocio.

¿Qué tiene el tabaco para ser tan perjudicial?

No sé si fumas o has fumado, pero estoy segura de que no me equivoco si afirmo que una habitación llena de fumadores podrías considerarla un insulto ambiental. Sin ventilación, en un par de horas estar en ese cuarto se parecerá a tener la cabeza metida en un tubo de escape, cosa que, incluso siendo una persona fumadora, no es agradable.

Son muchos los efectos adversos del tabaco y popularmente conocidos, aunque no siempre ha sido así.

El origen del consumo del tabaco lo encontramos en América. Se cree que la planta del tabaco es originaria del Amazonas, donde sus habitantes consumían las hojas de tabaco y las utilizaban para cocinar, para hacer medicamentos, para masticar, para fumar y para rituales religiosos. Cuando los colonos españoles llegaron a América hacia el 1500, los americanos ya estaban empezando a tratar y cultivar la planta. Los conocimientos de cultivo extensivo de los españoles ayudaron a agilizar el proceso y a conseguir grandes producciones de tabaco que exportaron a Europa.

Como adivinarás, el producto generó fascinación y ese éxito derivó no solo en el fracaso de intentar cultivarlo en Europa, sino en la consecuente necesidad de importarlo de América en grandes cantidades. Esto fue un gran estímulo para el desarrollo industrial de Santo Domingo, que empezó a abastecer a España y gran parte del continente.

La gente no tardó en ponerse creativa con las formas de consumo del tabaco, y se extendió en España la moda del rapé, tabaco de polvo para esnifar. Fue tanto su éxito que se cree que frases como «ir a empolvarse la nariz» o «ir a echar un polvo» provienen de retirarse a los aseos o a espacios privados para llevar a cabo este consumo en eventos sociales.

La salud no era un factor que preocupara a nadie. La única institución que ponía el grito en el cielo por el tabaco era la Iglesia. Al ver echar humo por la boca como un demonio u oír los dichos que surgían de su consumo esnifado, es fácil entender la oposición de la Iglesia. Sin embargo, la sociedad no presentaba problemas al respecto, solo los derivados del precio, ya que el Estado solo se involucraba para imponer tasas de importación al producto, como para cualquier otro.

El tabaco estuvo durante siglos integrado en la sociedad española y europea sin que su impacto en la salud supusiera un problema social.

Con los avances en la investigación hemos ido descubriendo cómo afecta el tabaquismo a la salud, así que vamos a ver la ciencia que hay detrás de unas caladas.

La hoja de tabaco *per se* no entraña grandes males, pero cuando la quemamos se convierte en una sustancia dañina. Cuando sus componentes entran en combustión, aparecen un montón de sustancias que pasan suspendidas en el humo por nuestras vías respiratorias.

Cuando respiras, el aire pasa por la tráquea y unos tubos llamados bronquios que llevan el aire a los saquitos que hay en los pulmones, los alvéolos. En estos compartimentos ocurre un intercambio de gases con la sangre que circula por nuestro cuerpo: se recoge el CO_2 que sobra de la respiración celular y se mete oxígeno del aire para las células.

Los pulmones no son tan selectivos como nos gustaría. Tienen sus sistemas de defensa, pero si en el aire de los pulmones hay otros gases o sustancias suspendidas, estas pueden atravesar las barreras y pasar a la sangre.

En el humo que inhalamos al fumar nos llegan sustancias que ya estaban en la hoja, como por ejemplo la nicotina, y otras que aparecen cuando la quemamos. En un cómputo global, se han encontrado miles de sustancias químicas en el humo del tabaco, de las cuales sabemos que, por lo menos, 70 son cancerígenas.

Conocemos los tejidos más dañados por el humo del tabaco, ya que son aquellas zonas en las que más casos de cáncer asociado al tabaquismo encontramos, como en la lengua, la garganta o los pulmones. Estas son las zonas en las que más impacta el consumo de tabaco por contacto directo de las sustancias que logran atravesar a la sangre y del propio humo.

Sin embargo, estas sustancias químicas llegan a la sangre y tienen impacto en nuestra salud general, no solo en el sistema respiratorio.

Uno de los sistemas que se ve muy afectado por el consumo de tabaco es el sistema inmune. A estas alturas del libro ya tendrás muy claro que para él esto de fumar supone una sobrecarga de trabajo. Es posible que en las centralitas de los ganglios los soldados se pregunten en qué estamos pensando para fumar. ¿Qué necesidad de darnos más trabajo? ¿No basta con defenderse de la radiación solar, de los errores en el ADN, de las células cancerígenas, de la falta de descanso, de las lesiones o de los patógenos? ¿Qué más quieres de nosotros, humano?

Para colmo, el sistema inmune tiene que priorizar. Para este, que tengas ácido cianhídrico en los pulmones o plomo y arsénico en la sangre es bastante más grave que enfocarse en reparar pequeños errores o en limpiar los tejidos de restos celulares. Es como un profesor con 36 alumnos en una clase, estará más pendiente de que no se peleen los del fondo que de que hagan todos buena letra. Así, en el momento que metemos tabaco en el cuerpo no podemos esperar un buen funcionamiento base de nuestro cuerpo, ya que va a haber muchos soldados atendiendo estas cuestiones.

El mero hecho de que el sistema inmune desatienda sus funciones base para ponerse con esto supone un aumento de los procesos inflamatorios. Si no limpian los restos de las células muertas o de patógenos derrotados, esos restos siguen despertando señales de urgencia. No son tan respetuosos con el trabajo del sistema inmune como para esperar pacientemente a que vengan a por ellos cuando puedan. Lo que necesita ser limpiado sigue llamando insistentemente a la centralita y emitiendo sustancias inflamatorias.

Este es un tipo de inflamación indirecta ocasionada por el tabaco, pero la inflamación directa la causa simplemente al entrar en el cuerpo y deja más trabajo aún cuando las sustancias tóxicas interactúan con el ADN, provocando alteraciones que pueden dar lugar a células cancerígenas. Vamos, todo mal.

Ante esta situación, el sistema inmune puede reaccionar de dos maneras: volviéndose hiperreactivo a cualquier cosa o funcionar peor por agotamiento. Los dos escenarios son nefastos para la salud.

De cara al envejecimiento, podemos imaginarnos cómo afectará esto. Estamos induciendo inflamación e incapacidad de las células y tejidos para repararse. No obstante, la mayoría de las sustancias cancerígenas tienen impacto en las vías respiratorias y la mayor parte de los tumores ocurren ahí. El impacto de las sustancias inhaladas es sistémico, ya que entran en la sangre y por eso se asocia una menor esperanza de vida a las personas fumadoras.

Con relación al envejecimiento visible, seguro que has escuchado más de una vez que el tabaco es muy malo para la piel. Es cierto, la piel de las personas fumadoras tiene un peor pronóstico. Por un lado tenemos un sistema inmune deteriorado que es incapaz de estar a la altura del nivel de renovación celular que necesita la epidermis. Por otro, la inflamación también da una peor apariencia a la piel y estropea la función barrera, por lo que nos hace más vulnerables a los problemas dermatológicos. Pero la clave del impacto del tabaco en la piel está en la nicotina. Se trata de una sustancia vasoconstrictora que limita activamente el aporte de sangre a las capas más superficiales de la piel. Como ocurría en el caso de los niveles de azúcar muy elevados en sangre, no llegan los nutrientes ni la hidratación necesarios para una buena renovación de las estructuras de la epidermis, por lo que esta empeorará en función y apariencia.

Además, los procesos de cicatrización de la piel se verán afectados. El hecho de tener el sistema inmune deteriorado, y más dificultad de la sangre para llegar a las zonas que hay que reparar, hará que si tenemos heridas, tarden más tiempo en curarse y lo hagan peor.

Ya queda claro que las sustancias que ingerimos al fumar son nocivas, y no me gustaría entrar en más detalles de cómo pueden ocasionar tumores en el cuerpo ni tampoco profundizar en el resto de los daños. Creo que, a nivel divulgativo, entender cómo afecta al sistema inmune y a los procesos de reparación celular nos puede dar una idea de cómo van deteriorándose con los años las distintas partes del cuerpo de una persona fumadora. Lo que me resulta más interesante, por deformación profesional, es qué hace esta sustancia en nuestro cerebro y por qué nos enganchamos sin remedio a lo que sabemos que nos hace mal.

La nicotina en el cerebro

La nicotina es una molécula que se encuentra de forma natural en la hoja del tabaco. Dependiendo de la forma de consumo, la nicotina llega a nuestro torrente sanguíneo a través de los pulmones, del sistema digestivo o de las mucosas. Una vez allí circula en nuestra sangre y tendrá efecto sobre distintos tejidos de nuestro cuerpo. El principal, si queremos hablar de nicotina y marketing, será el cerebro.

Nuestro cerebro está separado del resto del cuerpo por lo que llamamos barrera hematoencefálica. Una estructura muy fina que protege al cerebro de infecciones o del paso de sustancias perjudiciales. Cuenta con un sistema muy selectivo para decidir quién entra y quién no en nuestro sistema nervioso y solo acepta aquellas sustancias que le ayudan a funcionar.

La acetilcolina es una de las sustancias que se secreta en nuestro cuerpo y tiene un papel fundamental en nuestra función cerebral; en concreto se encarga de coordinar los procesos atencionales del cerebro, es decir, en qué ponemos nuestra atención consciente. Para su funcionamiento cuenta con receptores nicotínicos distribuidos por el cerebro, a los que se engancha de forma específica, como si de una cerradura se tratase, y activa una función en esa parte del cerebro. Lo curioso de la acetilcolina es que tiene una hermana gemela que se le parece mucho y que puede colarse a través de la barrera hematoencefálica y unirse también a sus receptores: la nicotina.

Cuando la nicotina pasa del torrente sanguíneo al cerebro a través de la barrera hematoencefálica imita la acción de la acetilcolina en los receptores nicotínicos. Existen varios tipos de receptores encargados de distintas funciones, por lo que, según el receptor al que se une, la nicotina tendrá uno u otro efecto en nuestro organismo. Si hablamos de cerebro, los principales receptores afectados son unos que se llaman alpha-4 beta-2.

Al tomar el tabaco inhalado se tarda entre 2 y 15 minutos en que esa nicotina llegue a nuestro cerebro. Una vez allí, los receptores a los que llega son unos ubicados en una vía muy importante de nuestro sistema de recompensa: una vía de comunicación del cerebro que nos ayuda a memorizar las conductas que queremos repetir y a darnos motivación para llevarlas a cabo. Es una forma de recompensar conductas que son adaptativas y que nos ayudan a sobrevivir. Sin embargo, algunas sustancias, como la nicotina, tienen la propiedad de colarse en este mecanismo y ponerlo a trabajar a su servicio.

Cuando la nicotina llega a los centros de recompensa estimula la producción de dopamina, una molécula involucrada en nuestra motivación para llevar a cabo determinadas conductas. Junto con la síntesis de dopamina se despierta una sensación de bienestar, de alerta y de motivación. Es un aumento transitorio de ese bienestar, pero lo suficiente como para secretar todavía más dopamina y reforzar ese sistema de recompensa.

Una vez dentro, la nicotina ha causado una verdadera revolución en el sistema de recompensa. Incluso si es la primera vez que fumas y a nivel palatal y respiratorio te ha resultado desagradable, tu cerebro está pensando: «¿Qué es esto? ¡Quiero más!».

Por si fuera poco, la nicotina tiene la capacidad de disminuir la actividad del GABA, el principal neurotransmisor inhibitorio de nuestro sistema nervioso. Esto quiere decir que no solo nos da una activación, sino que impide la acción de los mecanismos que tenemos para regular ese exceso de actividad en el sistema de recompensa.

He mencionado que la acetilcolina trabaja en los sistemas de atención del cerebro, y esto es muy importante para saber por qué la nicotina es tan adictiva. Además de causar una verdadera revolución en los centros de recompensa del cerebro —que han disfrutado y han aprendido que deben estar motivados a repetir esa conducta—, la nicotina influye sobre los sistemas atencionales.

Normalmente la atención estaría mediada por la acetilcolina para darnos lo que consideramos foco de atención. A esta molécula la ayuda la epinefrina, que le da energía para mantener ese foco, y la dopamina es la encargada de motivar ese proceso atencional a aquello que consideremos relevante de forma consciente o inconsciente.

Cuando la nicotina entra en juego es capaz de corromper dos partes de ese sistema atencional. Pone la dopamina a su servicio para dar motivación al sistema atencional a pensar en el tabaco, y también influye sobre los receptores nicotínicos que ocupaba la acetilcolina para mantener la atención. Es decir, una vez que se pasa el efecto placentero de la nicotina, que es muy breve, el cerebro ya está pensando en cuándo y cómo repetirlo. Una parte de ti, consciente o inconsciente, opera para que vuelvas a consumir nicotina.

La dopamina tiene la capacidad de funcionar en tu contra si lo que deseas es no caer en la tentación de fumar, ya que el hecho de pensar en fumar puede detonar secreciones de dopamina en los centros de recompensa, que funcionarán como motivación y activación de los recursos atencionales para llevarte a fumar. Esto explica por qué algunas personas pueden sentir que actuaron sin pensar. Que llevaban un tiempo sin fumar, pero que después de ver una película en la que fumaban mucho o un estanco, cuando se dieron cuenta ya habían comprado tabaco. Esto no quiere decir que el cerebro se apaga y las personas se despiertan con 7 cartones en los bolsillos, sino que las señales del entorno, que no habían percibido conscientemente, fueron afectando a su conducta hasta llevarlas al consumo reincidente de nicotina.

Esto puede hacernos sentir muy vulnerables, ya que estamos expuestos constantemente a entornos que no controlamos. Cuando salimos a la calle no sabemos a cuántas personas fumando nos vamos a encontrar, cuántos estancos veremos abiertos o cuántas personas fumando van a salir en una película. Sin embargo, con el potencial que estas señales tienen de afectar a nuestro consumo y toma de decisiones, y lo mucho que ganan las industrias vinculadas a las adicciones, esto no es nada que se deje al azar. Todo espacio en el que la ley permite que haya un anuncio de tabaco está ocupado por uno, créeme.

Para detener el bucle de vulnerabilidad ante el entorno déjame que te diga que una de las medidas que más funciona a la hora de ayudar a la población a reducir el consumo de tabaco, después de la regulación de los precios, es exponer las estrategias que tienen las tabacaleras para vendérnoslo. Se conoce que, en la lucha antitabaco, es más efectivo contar cómo nos toman el pelo que cómo nos toman la salud. Así que empecemos por ello.

Cómo hacer atractivo el tabaco

La dopamina, además de estimular la motivación para repetir la conducta, trabaja estrechamente con la memoria. Para el cerebro es muy importante repetir ese placer, por lo que la dopamina le ayuda a tomar notas de todo lo que está pasando, por sutil que sea. De este modo se estimula la formación de la memoria y el cerebro empieza a anotar la forma del cigarrillo, los colores, el contexto en el que estás fumando, con quién, dónde, los colores de la cajetilla y, por supuesto, la marca de tabaco.

Cuando expones al cerebro repetidas veces a la nicotina, fortaleces ese circuito entre dopamina, recompensa y memoria asociada a lo que estás haciendo. De esta forma, cada vez que ves tabaco, a alguien fumando, una cajetilla, la marca o los colores de esa marca, la memoria estimula una pequeña dosis de dopamina. El propio recuerdo de lo que viviste da una pequeña recompensa, la justa para generar el picor de fumar. De buscar repetir esa experiencia.

Es por esto que la publicidad de tabaco es tan efectiva. Porque una vez que lo has probado, ves a gente fumando en la calle, en series o en anuncios y se activa el circuito de recompensa. Simplemente con ver el producto ya vale, ya es una publicidad efectiva para una persona que ya ha fumado. Cuando has probado el tabaco un par de veces, eres muy vulnerable a ver imágenes o escenas vinculadas al tabaco.

Esa es la primera estrategia del marketing para lograr que fumemos más. Pero ¿cómo hacen con la gente que no lo ha probado

nunca? A esas personas no vale con enseñarles un cigarro, eso no les dice absolutamente nada; hay que venderles algo más: una experiencia.

Es aquí cuando empiezan las asociaciones del tabaco, u otras drogas, a cosas: al éxito, a la fama, a la sensualidad, a la rebeldía… El tabaco se ha asociado de forma positiva y efectiva a casi cualquier contexto y esto lo ha logrado, sobre todo, gracias al cine y la TV.

La industria del tabaco encontró un filón promocionando el llamado «séptimo arte». Por ese motivo los personajes fuman tanto cuando están estresados en el trabajo, en una fiesta o cuando llegan a casa para relajarse. Fuman hasta después del sexo, como si un orgasmo no fuese placer suficiente para el cerebro. Fuman mientras escriben, como Carrie Bradshaw en *Sexo en Nueva York*, mientras conducen o mientras diseñan una estrategia política en las élites gubernamentales.

Durante muchos años, como para toda la publicidad, las tabacaleras se centraron en los hombres, y asociaron el acto de fumar a figuras importantes, intelectuales y de éxito. El consumo entre las mujeres antes de la Primera Guerra Mundial era una cosa residual y mal vista. Durante la guerra, el deseo de abarcar más sectores de producción en la sociedad reemplazando a los hombres que habían ido al frente acercó a muchas a los patrones de consumo de los hombres, como el tabaco. Pero a pesar de esto, el consumo de tabaco en las mujeres seguía siendo muy inferior al de los hombres.

Esto convirtió a las tabacaleras en unas grandes pioneras de la lucha por la igualdad. ¿Cómo iban a perder a un 50 % de la población de clientes?

Después de la Primera Guerra Mundial las tabacaleras centraron sus esfuerzos publicitarios en las mujeres, gracias a un publicista, sobrino de Freud, que hizo del fumar un señuelo erótico. Actrices y mujeres influyentes salían fumando en las películas, y las revistas y los anuncios de tabaco fueron la clave, no solo para hacer atractivo el tabaco para las mujeres, sino para que toda la sociedad validase la conducta.

La validación del entorno sobre un comportamiento es clave para atraer a nuevas personas a llevarlo a cabo. Es por esto que la publicidad y el marketing de tabaco no solo son efectivos en personas que ya han fumado, sino que ayudan a nuevos consumidores a probarlo para sentirse parte del conjunto.

Hasta finales del siglo XVIII el tabaco no constituyó un verdadero problema para la salud. Pero con la revolución industrial llegó una tecnología capaz de poner el tabaco en boca de más y más gente. Se anunciaba fumar como algo beneficioso para todos los males, sin investigaciones científicas que respaldaran esas afirmaciones. Te digo más: se recomendaba fumar hasta para curar el asma.

Cuando se normalizó que fumaran tanto hombres como mujeres las tabacaleras habían conseguido enganchar a un montón de adultos al tabaco. Esta labor de campañas no se vio fuertemente combatida por las instituciones sanitarias hasta finales del siglo pasado. Y fue así porque, incluso cuando la sociedad demandaba evidencia científica para descubrir los beneficios o perjuicios del tabaco, la industria estaba condicionando los resultados de las investigaciones con sus arcas llenas. De hecho, las primeras publicaciones científicas sobre los riesgos del tabaco para la salud vinieron promovidas por las propias tabacaleras. Y algunas de estas empresas han sido condenadas por negar la evidencia y esconder datos generando activamente ignorancia en la sociedad al respecto de los riesgos del consumo de tabaco.

¿Cómo pararle los pies a la industria tabacalera?

Durante unos 200 años las campañas de publicidad de tabaco trabajaron sin limitaciones, logrando afianzar clientela casi de por vida. Una vez que te conviertes en un adicto, te quedas si no hay nada en el entorno que ayude a combatirlo.

Con el público adulto conquistado, el trabajo que quedaba por hacer era el de captar a las nuevas generaciones: jóvenes que todavía no habían probado el tabaco. Esto no es tarea difícil, generalmente la adolescencia es una edad de pruebas en la que la valoración de riesgos no está consolidada ni en uso continuo. Son cerebros en desarrollo más vulnerables a caer en adicciones y muy dispuestos a imitar conductas de los adultos. Así, el trabajo era tan sencillo como vincular a ídolos adolescentes al tabaco. Aunque una niña nunca hubiese probado la nicotina, podría acabar probándola porque hacerlo se había equiparado con éxito social, laboral y familiar a través de referentes públicos.

Por suerte, la partida contra el tabaco no la jugamos en solitario. No se trata de una vulnerabilidad biológica de una persona que decide fumar, ni de un comercial de una tabacalera que va puerta a puerta ofreciendo cigarros uno a uno. Las estrategias para que fumemos se establecen en nuestro entorno, ya que tiene una gran influencia sobre nuestra conducta, y las medidas más efectivas para reducir el consumo no son la fuerza de voluntad individual, sino las modificaciones en ese contexto colectivo.

En España empieza a desarrollarse la ley antitabaco en 1988, y en 1998 comienza a plantearse la imposición de espacios libres de humo. En 2005 llega la Ley Antitabaco, que sigue la recomendación europea subiendo el impuesto sobre el tabaco y regulando en qué espacios se puede fumar. En 2010 se prohibió fumar en discotecas y bares.

Con estas medidas tan agresivas se logró reducir en más de un 90 % la exposición a la nicotina en los espacios públicos. Aumentaron un 25 % los impuestos sobre el tabaco, reduciendo un 7 % su consumo de forma casi instantánea y, a largo plazo, un 14 %. Estas medidas de incrementar el precio son efectivas justo en las poblaciones más vulnerables a su consumo: adolescentes y personas con bajos recursos económicos.

En 2005 se vendían en España 4.634 millones de cajetillas de tabaco, y en 2019, 2.242 millones. Menos de la mitad en 13 años.

Estos datos podrían parecer asombrosos, pero a los países que tenemos que tomar como ejemplo en cuanto a medidas de protección de la sociedad frente a las presiones de la industria del tabaco es a Nueva Zelanda y Australia.

En Australia, en 2012, aplicaron una de las medidas más efectivas hasta la fecha, que produjo una reducción del 25 % en el consumo de tabaco. Se trata de poner la cajetilla genérica, que ahora es una de las recomendaciones de la OMS. Estas cajetillas tienen un color ocre muy poco atractivo. Todas son iguales y no se pueden poner ni los colores ni los logos de las marcas. Es directamente como comprar muerte. Porque es una caja marrón sin vidilla, con los avisos de que fumar mata y con fotos asquerosas.

Además, cuando compras así pierdes todo el poder de la marca influenciando el consumo. Los colores, el diseño, la tipografía e incluso el nombre del tabaco refuerzan la adicción, por lo que cuando dejas de comprar una marca y pasas a pedir tabaco a secas, estás más en contacto con la acción de riesgo. Es más duro pedir tabaco, en modo genérico, que pedir una marca específica de tabaco.

Nueva Zelanda se pasa el juego añadiendo a esto una legislación que prohíbe la venta de tabaco a personas nacidas a partir de 2009. Pero además se ha planteado reducir los puntos de venta de 6.000 a 600.

En España, de momento tenemos un anteproyecto de ley que busca traer la cajetilla genérica y otras medidas de prevención que pueden darnos algo de esperanza a la hora de frenar el consumo de tabaco.

Un hallazgo de una investigación en Australia fue precisamente que este ejercicio —divulgar cuáles son las estrategias que tiene la industria para hacer que fumemos más y para enganchar a nuevos consumidores— es un buen sistema para que la gente deje de fumar. Se conoce que nos duele más que nos manipulen y nos traten como tontos, para llenarse los bolsillos, que el hecho de que nuestra salud se vea perjudicada. En dicha investigación también vieron que es más fácil que reduzcamos el consumo por proteger a terceros que a nosotros mismos. Por lo que esta forma de funcionar ayuda a mantener los espacios comunes libres de tabaco y a respetar esas normas.

¿Qué es el neuromarketing?

Hace mucho tiempo, en los principios del sector, las campañas de marketing se diseñaban con encuestas. Se preguntaba a la gente por sus preferencias y a partir de ellas se diseñaba la publicidad. Pero la gente no es muy honesta sobre sus hábitos de consumo. Tendemos a contestar lo que nos gustaría que fuese en lugar de lo que es. Es por eso que se decidió retirar las encuestas y pasar a analizar directamente el comportamiento en cuanto a hábitos de consumo de las personas. En los años 2000 aparece el concepto de neuromarketing, una disciplina de la neurociencia que lleva a cabo el análisis de la atención, la memoria y las emociones que evoca la publicidad.

El neuromarketing usa herramientas que miden la actividad cerebral, cardiovascular, sudorípara y ocular, entre otras, para ver las reacciones fisiológicas del cuerpo ante la publicidad. Buscan cuáles son los estímulos más efectivos que pueden traducirse en un buen impacto del producto y en un consumo en consecuencia.

¿Qué problema tiene el marketing de tabaco? Que estás vendiendo algo que sabe mal, y más aún a los adolescentes. Estás vendiendo un producto que hace toser, sabe a tubo de escape y es difícil querer repetir una experiencia que te ha dado asco, por mucho que el cerebro esté pidiendo nicotina de nuevo. Para colmo, el paladar y el gusto por sabores fuertes como el tabaco no suele estar muy desarrollado en la adolescencia, lo que suponía una gran barrera con el público diana.

¿Qué solución encontraron al problema de lograr los primeros consumos en gente joven? Poner sabores. Inventaron papel de fumar con sabor a chocolate y frutas o los famosos filtros con sabor mentolado. De esta forma, el humo del tabaco se difunde más fácilmente, sin saber tan mal y facilitando la experiencia de fumar. Por suerte, en 2021 se prohibió el uso de estos saborizantes en los productos de tabaco. Pero una vez más la industria se las ingenió para atraer a paladares jóvenes hacia el tabaco, sacando los vapeadores.

La industria del tabaco se inventó los cigarrillos electrónicos y las máquinas capaces de imitar el acto de fumar, vendiéndonos, una vez más, que esto es una práctica segura.

Es cierto que los vapeadores no son tan perjudiciales como el tabaco, que sepamos. En principio llevan propilenglicol y glicerina vegetal. El primero se encarga de hacer humo, pero no es inocuo. Es lo que se usa en las discotecas para hacer ese efecto de vapor y puede ser irritativo e incluso dar lugar a alergias. Cuanto más denso sea el vapor de uno de estos dispositivos, más propilenglicol llevará. Las glicerinas vegetales se usan mucho en cosmética porque son muy buenas conductoras para meter aromas y sabores, por lo que en los vapeadores y cigarros electrónicos se usan como vectores para dar sabor. El problema es que se trata de saborizantes aprobados para el consumo alimentario, no para ser inhalados, por lo que la comunidad médica desconoce los efectos a largo plazo de la inhalación de estas sustancias.

Es en las glicerinas vegetales en donde los fabricantes pueden meter también la nicotina. Porque sí, muchos vapeadores y cigarrillos electrónicos del mercado llevan nicotina, y aquí está la clave de esta treta *marketiniana*.

Un adolescente puede dejarse llevar por la falsa sensación de seguridad que dan los vapeadores. Son bonitos, de colores, parecen subrayadores y encima están vinculados a productos saludables, como pueden ser las frutas. Pues claro que le va a dar unas caladas. ¿Por qué no? ¡Parece inocuo!

Si estás en edad adolescente, eres susceptible de probar más cosas, pero abrir la puerta del vapeo se ha asociado con el consumo de vapeadores con nicotina y también con tabaco. Ese el puente perfecto: normalizar el vapeador dando falsa sensación de seguridad y poco a poco conseguir nuevos fumadores. Además se aprovechan estos dispositivos para dar la falsa sensación de que van a ayudar a dejar de fumar a las personas, cuando no hay evidencia científica de que los cigarros electrónicos y vapeadores ayuden a dejar de fumar.

En definitiva, la lucha contra el tabaco se emprende colectivamente, ya que uno solo no puede ni con vapeadores. Poner sobre la mesa la evidencia de cómo la sustancia vulnera nuestra salud y nuestro bolsillo particular, y cómo su marketing vulnera la libertad de elección colectiva, es lo mejor que podemos hacer para combatir el envejecimiento y la enfermedad vinculados al tabaco.

¿Por qué es tan perjudicial el alcohol?

Como especie llevamos miles de años conviviendo con el alcohol. Incluso antes de aprender a destilarlo o a fermentar alimentos para conseguirlo, ya lo ingerimos de forma accidental en la naturaleza. De hecho, el ser humano está adaptado a nivel genético al consumo de alcohol. Tenemos regiones de ADN que son capaces de dar instrucción para hacer enzimas que metabolizan el alcohol para que no nos resulte tóxico.

Una de estas enzimas es la alcohol deshidrogenasa, y la ciencia ha descubierto no solo que la compartimos con muchas especies, sino que tanto la enzima como la región de ADN que la codifican tienen más de 10 millones de años de antigüedad. Esto nos hace ver que el consumo de alcohol no empieza en el Neolítico, cuando empezamos a hacer vino o cerveza, por ejemplo, sino que viene de mucho tiempo atrás.

Vale la pena recordar que el alcohol es un producto de la fermentación de azúcares. Si pensamos en los entornos naturales veremos que un alimento que contiene muchos azúcares son las frutas que, a su vez, están rodeadas generalmente de microorganismos, como levaduras en su piel. La levadura se alimenta de ese azúcar y en ese proceso libera alcoholes. Cuando las frutas están muy maduras tienen más concentración de azúcar, y esto hace que encontremos en ellas porcentajes de alcohol que pueden llegar al 2 o incluso al 4 %.

Los animales en la naturaleza consumían muchas frutas que podían contener ciertas cantidades de alcohol, o si sus sistemas digestivos eran muy lentos procesando el alimento, esos azúcares podían terminar de fermentar dentro del cuerpo generando alcoholes. En animales herbívoros, como eran nuestros antepasados, este proceso podía ser muy habitual, haciendo que el organismo tuviese que adaptarse a metabolizar y neutralizar la toxicidad del alcohol.

Hasta ahí todo bien, pero cuando descubrimos cómo fabricar bebidas con altas concentraciones de alcohol se nos fue el asunto de las manos, consiguiendo que el cuerpo no pueda contrarrestar esa toxicidad.

Cuando bebemos alcohol, este pasa de nuestra boca al sistema digestivo. Entra en el estómago, donde absorbemos un 20 % del que ingerimos, y pasa directamente a la sangre. Luego al intestino, donde se absorbe el 80 % restante.

La diferencia entre el alcohol y otras moléculas es que se disuelve bien en grasas y agua, de modo que atraviesa absolutamente todos los tejidos. Es decir, célula que encuentra, célula que penetra. Eso incluye las células de las bacterias, por eso se usa como desinfectante y también supone un problema para nuestra microbiota intestinal y un riesgo añadido para la salud.

Una vez absorbido el alcohol en el intestino ya está oficialmente en nuestro sistema circulatorio de camino a nuestro hígado. En este órgano se topa con las enzimas capaces de procesarlo para rebajar la toxicidad, como la alcohol deshidrogenasa. Esta le quita un átomo de hidrógeno y convierte el alcohol en lo que conocemos como acetaldehído.

Podríamos pensar: «¡qué bien, ya lo hemos metabolizado!», pero resulta que el alcohol no sigue en el hígado la ruta que siguen otras cosas que ingerimos y que acaban convertidas en la moneda energética del ATP para dar sustento a nuestro cuerpo. El acetaldehído también es tóxico, y si no se metaboliza en las mitocondrias, se acumula y se pega a otras proteínas, impidiendo su funcionamiento. Teniendo en cuenta que todas las células y funciones de los órganos están mediadas por proteínas, esto no interesa si queremos conservar la salud.

La acumulación en el organismo de acetaldehído se ha asociado a la famosa resaca en la literatura científica, pero no es el único ingrediente. También se ha achacado a la deshidratación. El alcohol es diurético y activa sistemas excretores, haciendo que pierdas agua por la orina.

Por si la deshidratación y la acumulación de acetaldehído no fueran suficiente drama, si el alcohol que has consumido es de mala calidad, el asunto de la resaca empeora.

El alcohol que mejor metaboliza el organismo es el etanol, que no es que lo metabolicemos bien —es un trabajo añadido para el hígado, que tiene que dejar de hacer sus funciones para ponerse con el alcohol—, pero sí mucho mejor que el metanol.

Cuando las bebidas alcohólicas se mezclan con metanol para abaratar los costes de producción, hacen que cuando se procesa en el hígado se formen sustancias todavía más tóxicas, como el formaldehído o el ácido fórmico. Los efectos de bebidas con metanol se agravan también porque la enzima que metaboliza el etanol es la misma y tiene preferencia por el segundo, por lo que se pone a trabajar primero en metabolizar el etanol y el metanol tarda más tiempo en eliminarse.

Llega un punto, a lo largo de la ingesta y de las horas posteriores, en que el hígado está que no puede más. Si tuviésemos un hígado solo para procesar el alcohol, podríamos permitirnos que de vez en cuando realizase esa función sin mucho impacto en la salud; pero el consumo de alcohol tiene el perjuicio indirecto, como el tabaco y el sistema inmune, de que mientras el hígado está trabajando en quitarnos esos tóxicos, no puede trabajar en otras funciones. En el hígado ocurren trabajos tan importantes como procesar las grasas, hormonas, vitaminas y muchas moléculas fundamentales para nuestro bienestar. Mientras el hígado está desintoxicándonos no puede, por ejemplo, activar la vitamina D, fundamental para nuestro sistema inmune.

En el hígado ocurre también otra cosa que nos devolverá al apartado «Envejecemos de la NADa». Resulta que cada vez que convertimos alcohol en acetaldehído, gastamos una moneda de NAD+ y nos dan de cambio NADH. Cuanto más alcohol entre, más monedas de NAD+ gastamos y más cambio de NADH nos da el hígado. Por un lado, tenemos un problema: estamos gastando monedas de NAD+ que se iban a gastar en funciones saludables del hígado. Pero aún más: la acumulación de NADH es tóxica también porque termina provocando acidosis metabólica.

Con todo esto, el hígado no para de recibir patadas por el consumo de alcohol y le privamos de hacer su trabajo, que es importantísimo. Como te decía, es el protagonista en el metabolismo de grasas en el cuerpo, y el alcohol interfiere en su trabajo tanto estimulando la síntesis de ácidos grasos e impidiendo su oxidación como bloqueando el trabajo de las proteínas que transportan esas grasas por el organismo (recordemos que el alcohol daña la estructura de las proteínas).

Con todo este caldo es como se cuecen los hígados grasos e incluso algunos tumores.

El hígado se encarga de metabolizar un 90 % del alcohol que ingerimos y el resto se excreta en sudor, orina y respiración. Esto quiere decir que la sangre está llevando alcohol a todos los órganos, y como ya sabemos al cerebro también llega, porque notamos sus efectos de embriaguez.

Como el alcohol puede atravesarlo todo, pasa como Pedro por su casa a través de la barrera que separa el cerebro de la sangre. Una vez allí, estimula un neurotransmisor que se llama GABA, que es inhibidor de la actividad cerebral. ¿Qué hace esto? Pues funciona como un depresor del sistema nervioso, ralentizando la actividad cerebral. Las moléculas de alcohol tienen especial afinidad por las estructuras del neocórtex, y es allí donde más impacto tienen. Es decir, en las zonas del cerebro involucradas en la toma de decisiones, valoración de riesgos, control de impulsos, etc.

El impacto sobre estas estructuras amplía la lista de riesgos vinculados al consumo de alcohol, ya que la conducta que puede derivar de la depresión de estas áreas puede llevar a accidentes pequeños, graves o letales, así como a conductas más violentas e irresponsables. El consumo de alcohol se ha asociado también con prácticas sexuales de riesgo, contracción de ETS y embarazos no deseados.

También se ha observado que el consumo de una o dos bebidas alcohólicas al día reduce el grosor de la corteza cerebral y, por lo tanto, provoca un deterioro en las funciones cognitivas. Además, el consumo asiduo va produciendo neuroadaptaciones, concretamente en el sistema de recompensa.

¿Cómo se genera la adicción al alcohol?

El consumo repetido de bebidas con alcohol va produciendo adaptaciones neuronales en los sistemas de recompensa del cerebro, como los que hemos visto en el tabaco. Cuando el alcohol llega al cerebro secreta grandes cantidades de dopamina en el núcleo accumbens, una molécula que te motiva a repetir la conducta.

Estas áreas del cerebro están muy vinculadas a las emociones y a la memoria para hacerte recordar lo bien que te hizo sentir esa motivación y cómo conseguirlo de nuevo.

La normalización y exposición frecuente al consumo de alcohol va activando esta respuesta, de modo que cada vez que algo nos recuerda al consumo de alcohol se secreta dopamina y esa motivación. Es por esto que la publicidad de alcohol tiene más efecto si lo consumes frecuentemente.

Además, sabemos que hay componentes hereditarios en la adicción al alcohol, y que mientras una persona consume sus primeras cervezas y no pasa nada muy especial en el cerebro, hay otras personas a las que les zarandea el núcleo accumbens de una manera exagerada, lo que los hace más vulnerables a repetir la conducta.

Hay una parte de la población que es más vulnerable, no por heredabilidad sino por su etapa de desarrollo: los adolescentes. Los factores que más contribuyen a que consuman alcohol son los amigos, el soporte que reciben en casa de sus padres o tutores y también los estímulos que reciben en el contexto cultural.

La industria del alcohol conoce esta vulnerabilidad y la aprovecha para hacer publicidad y posicionar las bebidas en lugares atractivos para esta parte de la población. Hoy en día las redes sociales son un terreno en el que cultivar la adicción, y lo hacen con colaboraciones pagadas a *influencers* que vinculan su estatus y credibilidad a marcas de alcohol.

¿Cuánto alcohol es mucho alcohol?

Hace menos de un siglo era habitual dar alcohol en casa a niños y adolescentes. Incluso se ha hablado de que hay evidencia científica que respalda que hay dosis moderadas de alcohol que son buenas para la salud.

Hubo estudios con mucha repercusión en los que se afirmaba que una consumición de alcohol al día podría ser más saludable incluso que ninguna. Estudiaron a una muestra de población y comprobaron cómo las personas que tomaban una consumición al día estaban más saludables que aquellas que no tomaban ninguna y que las que tomaban 2. Esto, aparentemente, demostraba que un poco de alcohol era mejor que nada.

Mirando detenidamente esas investigaciones se comprobó que mucha de la gente que no tomaba ninguna dosis de alcohol era porque necesitaba medicaciones que impedían el consumo de alcohol, y por lo tanto, ya estaban enfermas y menos saludables que las que tomaban una copa al día.

Aun así habrá quien insista en que el alcohol sí que puede ser saludable porque la síntesis moderada de esa moneda de cambio, el NADH, es positiva por su poder antioxidante. ¿Compramos el razonamiento? No mucho, ya que el NADH puede conseguirse con actividad física sin todos los efectos adversos del alcohol y con los beneficios musculares y cognitivos de la actividad física. Por no hablar de otras formas de conseguir antioxidantes que hemos visto a lo largo de este libro. Es decir, tomar vino por los beneficios de la uva no tiene sentido. ¡TÓMESE LA UVA!

Hoy en día, en Europa está teniendo lugar un gran estudio sobre consumo moderado de alcohol y sus posibles beneficios, pero mientras no tengamos resultados podemos concluir que, tanto con el alcohol como con el tabaco, ya no podemos hablar de un consumo seguro ni de un uso responsable. Aunque todos entendemos de qué forma podemos convivir con el alcohol, y resulta complicado pensar que por una copa de vez en cuando pase algo malo, simplemente a nivel científico no se puede decir que esté pasando algo bueno. Es una conducta de riesgo que estresa al organismo a nivel digestivo, metabólico, el sistema inmune, etc.

Si como mucho te tomas una o dos cañas entre semana, no te sientes aludido ni preocupado, pero ¿y el fin de semana? ¿Qué pasa con ese modelo de consumo de varias copas que pueden llegar a media botella o una entera en una noche?

Eso es lo que se ha llamado *binge drinking* y su definición no se mide en copas de alcohol, sino en impacto en sangre. El tipo de consumo de alcohol del *binge drinking* está definido por el Instituto Nacional de abuso de Alcohol y Alcoholismo de Estados Unidos como: el consumo de una cantidad de alcohol significativa que eleva la concentración de alcohol en sangre a 0,08 g/dL, que se traduce en unas 4 o 5 copas en unas 2 horas. Estas cantidades pueden variar dependiendo del tamaño corporal y del sexo de la persona.

Este tipo de consumo implica altísimas dosis de tóxicos en el hígado y el cerebro que deshidratan y destruyen células, proteínas e interfieren en procesos orgánicos necesarios, por lo que tendrá un impacto agudo en los tejidos y establecerá una acumulación de daños al repetirse en los fines de semana.

Lo peor de todo es que este modelo de consumo de fin de semana tiene impactos en el cerebro similares a un consumo más moderado alargado en la semana.

En estudios que comparaban a adultos jóvenes que habían pasado por la práctica del *binge drinking* y otros que no, se comprobó que los efectos inmediatos eran que para llevar a cabo una misma tarea tenían que reclutar más actividad neuronal para poder compensar los daños en esas estructuras.

En otra comparación entre personas que llevaban a cabo dicha práctica y personas con dependencia al alcohol se observó que tenían una actividad cerebral similar en reposo y una misma respuesta a las imágenes de alcohol. Aunque el diagnóstico de una dependencia se hace de forma individualizada, según el trastorno que ocasiona el consumo en la vida de la persona, se comprueba que los cerebros que no son diagnosticados porque consumen en fin de semana de forma aguda funcionan como los de las personas que consumen habitualmente entre semana. ¿Será que hemos normalizado demasiado la dependencia al alcohol para salir los fines de semana y no se está leyendo como un trastorno?

Dejemos esa pregunta en el aire y continuemos.

TERCERA PARTE

Neuroenvejecimiento

Hemos llegado al apartado final de este libro, en el que vamos a abordar el gran melón de las cabezas que envejecen. Un miedo muy extendido en la sociedad es la pérdida, con los años, de las funciones cognitivas y de la memoria. No solo la pérdida de nosotros mismos, sino la de nuestros seres queridos. Tememos olvidar y que olviden quiénes somos.

Susan Sarandon dijo, interpretando a Jackie en la película *Shall we dance?* (*¿Bailamos?*), que las personas se casan para tener un testigo de sus vidas, alguien que las acompañe para dar fe de cómo son, qué les ha pasado y cuál es su historia. Me parece un concepto entrañable, no solo enfocado al matrimonio, sino a esas amigas que nos acompañan desde la infancia, a nuestra familia o a seres queridos con los que disfrutamos.

Por desgracia, la historia de nuestras vidas y el testimonio que guardamos de nuestros seres queridos están guardados en nuestro sistema nervioso. Del mismo modo que las células de la piel o del intestino padecen un declive en función, el envejecimiento de los tejidos nerviosos también deteriora nuestro recuerdo y cómo funcionamos en el entorno.

Puede que leer sobre cómo ocurre el envejecimiento de nuestro sistema nervioso nos ayude a gestionar mejor su llegada, o no. No lo sé. Solo espero tratar este apartado con el cariño y sensibilidad que merece, ya que hablar del envejecimiento de nuestro cerebro y de nuestra mente entraña tocar muchas historias, muchas vidas y muchos miedos. Pero vamos a salir de aquí haciendo todo lo posible por estructurar una sociedad mejor que ponga en valor la tercera edad e intentando saber cómo proteger este periodo de nuestra vida ante todo lo que lo amenaza.

Para entender cómo envejece nuestro cerebro, vamos a profundizar un poco en las estructuras de este. Hemos hablado del sistema nervioso, que se desglosa en un sistema nervioso central y otro sistema nervioso periférico. El segundo se encarga de tomar las señales del entorno y las propias y de llevarlas para ser procesadas en el sistema nervioso central, que devuelve una respuesta que viaja de nuevo a través del sistema nervioso periférico. Es como un camino de mensajería de ida y vuelta que nos permite relacionarnos con nuestro propio cuerpo y con el entorno.

La palabra «neurociencia» viene del griego *neuro*, que significa «nervio», y del latín *scientia*, que significa «conocimiento». A esta parte del libro he decidido llamarla «Neuroenvejecimiento» porque últimamente todo lo que lleva la palabra «neuro» delante vende y engancha. Además, sí que vamos a hablar del envejecimiento del sistema nervioso, por lo que no veo mal inventar palabros para describirlo con un poco de gancho.

El concepto de *nervios* es muy popular, empezando por expresiones como «estar nervioso» o «ponerse de los nervios». Aquí, el conocimiento anatómico y funcional se fusiona con la cultura para dar lugar a estas expresiones que asocian acertadamente las estructuras del sistema nervioso con el estado de ánimo y la tranquilidad de la que disfruta una persona.

A lo largo de este apartado verás cómo la neurociencia no es algo tan alejado de tu conocimiento, por mucho que pueda parecer muy complejo.

CAPÍTULO 16

Estructuras del cerebro y tipos celulares

Para que el sistema nervioso logre su complicada función de relacionarnos con nuestro cuerpo y con el entorno con el fin de que sobrevivamos, necesita una arquitectura de distintos tipos celulares coordinados a la perfección.

Si echas un vistazo al interior de nuestro cuerpo, es muy difícil distinguir dónde empieza y dónde acaba el sistema nervioso. Llega a cada rincón para que todos los tejidos y órganos estén comunicados entre sí y con el cerebro. En concreto nos interesa que esté conectado con las partes encargadas de la homeostasis corporal, pero también en mapas que representan nuestro cuerpo en el cerebro y que nos ayudan a saber cómo está cada órgano y lo que le está ocurriendo.

El sistema nervioso baña toda nuestra piel y nuestros órganos con sus terminaciones nerviosas para conocer qué es lo que está pasando. Quiere saber con qué está en contacto nuestra piel, qué temperatura hace, qué sonidos hay alrededor, qué posición tenemos con respecto al entorno o si tienes tensión muscular en la espalda, por ejemplo. Es muy cotilla, y menos mal, porque gracias a este sistema de células podemos operar eficazmente en el ambiente en el que vivimos.

Las células más populares del sistema nervioso son las neuronas.

Por el momento voy a venderte las neuronas como el eje central del sistema nervioso, las voy a endiosar para después bajarlas del Olimpo, ya que sin el resto de las células que las acompañan no pueden funcionar. Pero vamos a conservar su popularidad un par de párrafos más.

Las neuronas están compuestas por un cuerpo celular que contiene el núcleo con el ADN en el interior, como el resto de las células que hemos visto a lo largo del libro. Una de las particularidades estructurales de estas células es que de ese cuerpo, o soma, parten unas prolongaciones llamadas dendritas que funcionan captando señales de otras neuronas y también del entorno. Las dendritas se mueven constantemente buscando conexiones. Se estiran y se acortan en el medio extracelular y, si topan con otra célula o neurona de su interés, establecen vínculos y conexiones que se fortalecen a medida que reciben mensajes de la otra neurona. Como si se tratase de un camino de cabras que se engrosa cada vez que pasan por ahí, o un músculo que crece con el uso.

Una de las prolongaciones de la neurona no funciona como dendrita, ya que, en lugar de captar información, la envía. Ese polo de emisión de señal de la neurona es lo que denominamos axón. Generalmente, la representación gráfica de las neuronas tiene una prolongación única mucho más larga que las demás, que se diferencia claramente como axón. Sin embargo, hay neuronas con axones de diferentes tamaños o incluso con más de uno.

Al final de los axones aparecen los terminales sinápticos, que son extremos en los que tiene lugar la emisión del mensaje a la siguiente neurona o célula.

Una particularidad que diferencia a los axones es que generalmente están recubiertos de una sustancia que hace que trabajen de forma más veloz. Las señales que viajan por las neuronas son eléctricas, como si se tratase de una pila que va cambiando la polaridad a lo largo de todo un axón. Ese movimiento de electrones hace que se traslade un mensaje al otro lado del axón, y a eso lo llamamos sinapsis. Sin embargo, para que la señal viaje más rápido —concretamente dando saltos—, sin tener que recorrer toda la superficie del axón, las neuronas se han cubierto de vainas de mielina que repelen esa señal para llegar velozmente al terminal sináptico y emitir el mensaje.

Podemos distinguir distintas clases de neuronas según el tipo de información que transportan, aunque pueden aplicarse otros criterios. Si nos fijamos en la información, tenemos neuronas sensoriales que reciben la información del entorno y la llevan al sistema nervioso central; por ejemplo, neuronas vinculadas al tacto con terminaciones nerviosas en la piel y las palmas de las manos. Si transportan información motora, esta va desde el sistema nervioso central hasta los músculos y las glándulas emitiendo una orden de funcionamiento; a estas las llamamos neuronas motoras.

Otro tipo de neuronas son las interneuronas. Hacen círculos de procesamiento de la información en el cerebro y la médula espinal y conectan neuronas entre sí. Pueden conectar, por ejemplo, una neurona motora con una neurona sensorial.

Para que te hagas una idea, hay axones de neuronas muy muy cortos y otros muy largos, que van desde el sistema nervioso central a las extremidades y pueden llegar hasta un metro y medio en algunos adultos. Por ejemplo, los que van desde la punta de los dedos a la espina dorsal.

Los axones no viajan por el cuerpo desprotegidos. Además de la vaina de mielina que los recubre, generan una fibra nerviosa protectora también mielinizada. Muchas fibras se agrupan en paquetes e incluso tenemos paquetes de varios paquetes que constituyen un nervio. Las estructuras que forman los nervios, además de dar protección a esos paquetes de fibras y axones, se vascularizan para poder llevar nutrientes a ese tejido. Así, tenemos nervios recorriendo nuestro cuerpo que tienen capilares sanguíneos nutriéndose y que ayudan a transportar la información dentro y fuera del sistema nervioso central.

Y aquí se acaba el protagonismo exclusivo de las neuronas, que no podrían funcionar sin la ayuda de un grupo de células llamadas «glía» o «neuroglía». Hoy en día, en vez de hablar de glía, deberíamos hablar con el nombre y apellidos de cada tipo celular, ya que son lo suficientemente relevantes como para ser nombradas. Podría decirte que la glía tiene funciones de mantenimiento del sistema nervioso que son fundamentales para la supervivencia y el rendimiento de este tejido, pero vamos a poner en valor algunas de las células de la glía.

Los astrocitos son las células más abundantes, y menos mal porque le hacen todo a las neuronas. Llevan los nutrientes desde los vasos sanguíneos, limpian los residuos metabólicos, ayudan a formar la barrera hematoencefálica para proteger el cerebro y ayudan incluso en algo tan fundamental como a que tengan lugar las sinapsis entre neuronas que transportan mensajes. Y por si todo eso fuera poco, los astrocitos también son fundamentales para la plasticidad neuronal, que estudiaremos más adelante. Vaya, que las neuronas son como un bebé de 2 años y los astrocitos son sus tutores legales, desvelados por la integridad de las neuronas.

Las neuronas también tienen sastres que se encargan de vestirlas para que estén protegidas y funcionen más rápido las sinapsis, son células como los oligodendrocitos y las células de Schwann. ¿Recuerdas las vainas de mielina que ayudan a transportar más rápido la señal eléctrica? Pues las fabrican estas células.

Como ves, las neuronas se estaban llevando la gloria, pero si no fuese porque tienen núcleo celular, no les daríamos ni el título de células. Pero como esto no se trata de ver cuál hace más, sino de una diferenciación celular que haga que el sistema funcione, nos vale. De hecho, si las neuronas tuvieran que hacer todas estas cosas, sufrirían muchos estreses que acortarían su vida celular, provocando que nuestro sistema nervioso y esperanza de vida fueran mucho peores.

El cerebro y el resto del sistema nervioso tienen incluso células especializadas en la detección de microorganismos, toxinas o células dañadas. Como si se tratase de un sistema inmune propio, el sistema nervioso cuenta con células —englobadas en el concepto de microglía— que limpian algunos residuos con el fin de mejorar la función neuronal.

En cualquier caso, la relación entre el sistema inmune y el cerebro no termina únicamente con sus soldados particulares, el sistema inmune que trabaja a nivel corporal empieza en el cerebro con la regulación homeostática. Nuestro cerebro, y el sistema nervioso en general, funciona gobernando el resto de los sistemas, pero también se deja influir por ellos. El sistema nervioso es un camino de ida y vuelta, si está enfermo, enfermarán otras partes de nuestro cuerpo. Es por esta razón que cuando aparecen trastornos neurodegenerativos la salud de la persona experimenta un declive generalizado.

En cualquier caso, antes de lanzarnos a la tristeza de los trastornos neurodegenerativos, vamos a ver cómo se genera un sistema nervioso.

CAPÍTULO 17

Desarrollo del sistema nervioso y neuroplasticidad

Durante años se popularizó la noción de que las neuronas no se regeneran. Como si naciéramos con una cantidad que, si no cuidamos, perdemos irremediablemente. Este tipo de creencia nos da la ilusión de que nacemos con unas estructuras cerebrales fijas, que tienen su función y crecen en tamaño hasta alcanzar la madurez, cumpliendo cada vez mejor con aquella. En esta visión tan estática del cerebro y el desarrollo, el envejecimiento sería fruto de ir perdiendo neuronas y funciones asociadas a ellas. Pero ni la primera ni la segunda premisa son ciertas.

Todas las personas nacemos con un sistema nervioso que no solo está preparado para sufrir modificaciones, sino que está genéticamente diseñado para cambiar a lo largo de la vida. Cuando llegamos al mundo, nuestro sistema nervioso está totalmente predispuesto al aprendizaje, en el sentido de que las conexiones que tiene entre sus neuronas son débiles y muy adaptables a fortificarse o desplazarse según las experiencias a las que se exponga. Lo que las mantiene tan adaptables las convierte en menos funcionales, ya que esa poca robustez entre conexiones hace que las funciones neuronales sean bastante fallidas. Pero ¿qué esperamos de un bebé? ¿Precisión?

Las conexiones estructuradas por axones y dendritas en el cerebro de un bebé son muy pequeñas y finas. Mientras maduramos van creciendo, como resultaría intuitivo en el paradigma popular, sin embargo no crecen en una dirección predeterminada, sino dependiendo del estímulo del entorno y las experiencias que viva a nivel interno y externo ese sistema nervioso. Como si se tratara de una semilla plantada de un árbol, en función de lo que se encuentre el tronco en el exterior adoptará una forma u otra.

El proceso de desarrollo del sistema nervioso tiene su base en la neuroplasticidad. Esta palabra nos explica la capacidad de adaptación de las neuronas y la habilidad de establecer nuevas conexiones con otras neuronas y células.

Cuando crecemos, nuestras neuronas van descartando aquellas conexiones que no utilizan o que no sirven para ningún propósito en su contexto. Realmente, el tejido nervioso es muy caro de mantener: se necesitan mucha energía y recursos para mantener vivas las conexiones neuronales y dendritas estirándose, tratando de contactar con el exterior. No merece la pena. El sistema nervioso es más experto y minimalista que Marie Kondo, sobre todo en la etapa de neurodesarrollo en la que elimina sin piedad todo lo que no sirve. A esto se le llama «poda neuronal».

Desde el nacimiento hasta los 25 años aproximadamente (el fin de la adolescencia para la neurociencia), el cerebro va consolidando el aprendizaje. Hay periodos de aprendizaje más acelerados que otros, pero, en definitiva, en esos años vemos altos índices de neuroplasticidad y capacidad adaptativa de las neuronas. Dependiendo de a qué nos expongamos en los primeros años de vida a través de nuestros cuidadores, amigos, pensamientos, profesores, contaminantes ambientales o experiencias traumáticas, se va consolidando la forma y estructura de nuestro cerebro. Como si de un diálogo con la vida se tratase, nuestro cerebro se constituye gracias a nuestras experiencias del día a día.

Cuando crecemos, los tejidos de apoyo de las neuronas también crecen, por lo que cada vez queda menos hueco para que las dendritas y los axones se muevan libremente, probando nuevas conexiones, buscando la más eficiente o la más adaptativa. Cada vez queda menos hueco para el aprendizaje, literalmente.

Cada persona es un mundo y un cerebro totalmente único, sin embargo, somos todos muy parecidos. En algunas funciones de nuestro sistema nervioso todos operamos exactamente igual: nuestro corazón late, nuestros párpados se abren y se cierran, nuestros intestinos se mueven... Gran parte de la actividad corporal humana funciona de forma muy similar en todas las personas; y cuando no es así, suele ser un problema. Imagínate no parpadear, en cualquiera de las dos direcciones. No me gustaría dejar ir la oportunidad de preguntarte: ¿qué prefieres?, ¿que se te queden los párpados siempre abiertos o siempre cerrados? Ahí te la dejo.

Las funciones reguladas por el sistema nervioso que ocurren de forma muy parecida en todas las personas son aquellas estrechamente vinculadas a funciones vitales básicas como respirar, mantener los tejidos hidratados, regular la homeostasis corporal y la producción de secreciones como el sudor, la orina o las heces.

Podríamos decir que la evolución considera que estas funciones han de ser así, de tal modo que nuestro sistema nervioso pierde la capacidad de alterar las zonas encargadas de esas funciones. Es decir, así como hay una gran maleabilidad y capacidad de adaptación en ciertas partes del cerebro, las que están relacionadas con lo básico del funcionamiento de un ser humano son difícilmente alterables. Y menos mal, insisto. La neuroplasticidad no es buena para todo.

Hasta que llegamos a la edad adulta, el cerebro se va moldeando según los estímulos que experimenta, estableciendo las conexiones de unas u otras neuronas. Si eso resulta adaptativo para el individuo, la conexión se repetirá y se fortalecerá. Las uniones que no se repitan perderán fuerza y desaparecerán en la ya mencionada poda neuronal.

Pasados los 23 o 25 años —puede variar entre personas—, esta flexibilidad a la hora de establecer nuevas conexiones se pierde, haciendo que disminuya drásticamente la plasticidad de nuestras neuronas. Solo encontramos otro gran pico de neuroplasticidad en los cerebros de las embarazadas. Durante el periodo de gestación y primeros meses de vida de la descendencia, el cerebro de la madre atraviesa una gran cantidad de cambios y adaptaciones al nuevo proceso, experimentando un gran crecimiento en neuroplasticidad y adaptación.

Hay una cosa relativamente cierta sobre la creencia popular de que nacemos con un número de neuronas, y es que son pocas las zonas del sistema nervioso en las que se ha visto que las neuronas se reemplacen. En la nariz, las encargadas del olfato sí tienen cierta capacidad de regeneración. Pero realmente no es común, o no en gran medida, que aparezcan neuronas nuevas a lo largo de nuestras vidas.

Realmente esto no supone un gran problema, o no como lo supondría en otros tejidos. Las neuronas son células superlongevas. Como tienen tanta colaboración de otras células de la glía en su mantenimiento, no necesitan regenerar sus estructuras, como otros tipos celulares, y muchas viven los mismos años que nosotros.

A pesar de que los aprendizajes se consolidan en la infancia y adolescencia y de que no aparecen nuevas neuronas, esto no quiere decir que nuestro cerebro no esté receptivo a la experiencia vital y aprendiendo constantemente. Las neuronas tienen la habilidad de borrar conexiones y establecer algunas nuevas que nos permiten aprender. De ahí que unas mismas neuronas puedan acompañarnos en distintas etapas de nuestra vida con diferentes habilidades.

Además, una maravillosa propiedad de las dendritas y los axones de una neurona es que, a pesar de que pueda quedar poco espacio por el que moverse, cuando hay una lesión en una parte del tejido nervioso, las neuronas que están cerca de esa zona reciben las señales de que esta trata de recuperar la normalidad y empiezan a unirse a nuevas neuronas para ayudar con la tarea. Esto quiere decir que aunque existan lesiones, tenemos la capacidad de recuperar funciones aun sin recuperar neuronas. Este es un concepto clave en la rehabilitación. Cuando alguien experimenta un ictus (un accidente cerebrovascular que mata células del tejido nervioso) y pierde movilidad en algunas zonas de la cara o el cuerpo debe empezar la rehabilitación con terapeutas ocupacionales cuanto antes. Así, lo que se intenta es no perder tiempo para que no se consolide la pérdida de función y las neuronas vecinas colaboren ante la emisión de estímulos.

CAPÍTULO 18

Reserva cognitiva y estatus socioeconómico

La forma en la que nuestro cerebro se desarrolla a lo largo de esas etapas iniciales de la vida va a condicionar una gran parte de nuestra salud y longevidad. Según como quede estructurada nuestra entramada red neuronal, nuestras funciones de relación con el entorno e incluso la resiliencia que tiene nuestro cerebro y nuestro sistema nervioso a la adversidad son distintas.

Según como haya sido nuestra crianza, nuestro cerebro tendrá unas herramientas y recursos diferentes para enfrentar la vida. Todo esto está íntimamente relacionado con el estatus socioeconómico, ya que dependiendo de tu entorno habrás desarrollado de una manera tus estructuras, tu función cognitiva y la capacidad que tiene el cerebro para enfrentar el declive en la función de las neuronas.

La habilidad para amortiguar los efectos del envejecimiento del cerebro se llama reserva cognitiva. Cuando envejecemos, los procesos cognitivos se deterioran porque las células del sistema nervioso experimentan también un declive, como el resto del organismo. Cuando esto ocurre, pasa lo mismo que ante un huracán: dependiendo de la estructura base en la que te refugies sobrevivirás mejor o peor. Si el cerebro tenía unas estructuras adecuadas y, en definitiva, una buena reserva cognitiva, enfrentará el paso de los años con menos afectación neurológica o sin síntomas de envejecimiento.

¿Cómo conseguimos una buena reserva cognitiva? Con aquellas

actividades que estimulan y enriquecen el desarrollo neuronal. La mayoría implican el uso de recursos materiales o no materiales que se consiguen también con dinero, por lo que el estatus socioeconómico y la vulnerabilidad ante el deterioro cognitivo están estrechamente relacionados.

A lo largo de la vida construimos nuestra reserva cognitiva gracias a actividades como la educación formal. Cuando vamos al colegio, estudiamos, leemos, aprendemos música o matemáticas estamos estimulando distintas funciones neuronales y adquiriendo unas destrezas y fortaleza en estructuras cerebrales que nos darán una capacidad de enfrentar mejor el deterioro de la vejez. Continuar en nuestra etapa adulta con actividades intelectualmente exigentes —lectura, aprendizaje de idiomas o de nuevas habilidades— dará pie a la formación de nuevas conexiones entre neuronas que hacen un cerebro más fuerte.

Te voy a poner de ejemplo el hipocampo, una estructura del cerebro muy involucrada en los procesos de consolidación y recopilación de memoria. Está constituida por muchas neuronas, pero la cantidad y fortaleza de las que encontramos en esta zona dependen mucho de la vida que haya tenido la persona. Un hipocampo más denso se ha asociado a personas que tienen en el día a día actividades de reto intelectual y también a aquellas que practican deporte a diario y mantienen relaciones sociales ricas y activas.

La densidad del hipocampo es importante, porque cuando una patología llega o cuando aparece el declive tardará más en hacer efecto en función de las células del tejido nervioso. No es lo mismo tener que atacar a 20 neuronas que a 100. Si tienes muchas neuronas con estructuras y conexiones densas y fuertes cumpliendo una tarea, aunque pierdas algunas podrás seguir con ella. Como los puentes romanos, que utilizaban estructuras muy grandes para algo que puede resolverse con menos material, siempre y cuando sea el adecuado en la disposición idónea.

Un hipocampo muy denso funciona como una persona que enciende una vela con un lanzallamas, va sobrado. Aunque el paso del tiempo o la enfermedad lo afecten y pase a funcionar como una cerilla, encenderá igualmente la vela. Si traducimos esto a la memoria, la persona con un hipocampo preparado para el envejecimiento puede llegar incluso a no notar los síntomas de este o no al nivel de un trastorno neurodegenerativo.

Pero claro, si una persona crece en un entorno sin oportunidades de desarrollar estas habilidades y refuerzos estructurales en el cerebro —sobre todo en la etapa de la infancia y adolescencia, cuando más clave es este desarrollo—, estará sentenciada a un envejecimiento en declive. Es como lanzar a una persona a un huracán con un paraguas como protección y esperar que vuelva seco. No va a ocurrir eso con una protección tan endeble.

La reserva cognitiva nos hace reflexionar sobre lo condicionados que estamos por el entorno en el que crecemos. Cuando un sistema nervioso se expone de forma repetida a una misma información, va fortaleciendo tanto esa conexión que no puede luchar contra lo que ha aprendido, o es muy difícil. Uno se cría la mayor parte de su infancia y adolescencia siendo una persona bajo la tutela de adultos que guían y condicionan su crianza. Entornos que no elige, de modo que, ¿dónde está el libre albedrío si no elegimos el lugar en el que nacemos? El camino ya será lo que me toque, porque no decido con quién me cruzo por la calle, quién me da clase o qué compañero de pupitre me toca. Sin embargo, todo ello va moldeando mi experiencia y mi cerebro sin consentimiento.

Cuando llegamos a la edad adulta, a la época en la que, con suerte, tenemos independencia económica, consolidamos nuestros propios valores y empezamos nuestra vida, ya tenemos todo bastante consolidado. Pero actualmente ni siquiera nos podemos independizar a los

20 o 25 años, y para muchas personas la precariedad laboral deja un escenario de no poder independizarse ni siquiera con 30 años. Pero sí cerebros más que listos y consolidados, con una plasticidad neuronal ya muy reducida.

A esas edades es muy difícil cambiar, no imposible, pero es muy complicado establecer aprendizajes. Mientras que cuando somos bebés aprendemos de forma pasiva, en la etapa adulta esto no ocurre así. Un bebé está expuesto al ambiente y, sin intención de aprender, está absorbiendo todo lo que hay en su entorno y sus neuronas trabajan haciendo que adquiera conocimiento. Aprendemos muchas cosas simplemente mirando o escuchando. Sin embargo, cuando llega la etapa adulta, un aprendizaje que moldee el cerebro es menos frecuente y más difícil de conseguir. No te hablo de escuchar y recordar información, sino de cambiar las estructuras de nuestro cerebro. De aprender nuevas rutinas o a tocar un instrumento, por ejemplo.

CAPÍTULO 19

Presta atención si quieres aprender

Cuando somos adultos podemos olvidarnos de la neuroplasticidad que ocurre de forma casi espontánea en la niñez y hemos de trabajar cada conexión de aprendizaje. Para ello tenemos que poner intención y atención en todos los sentidos posibles, incluso en el químico.

Lo que te voy a contar ahora es un fragmento de un episodio titulado «How to Focus to Change Your Brain» del podcast *Huberman Lab* en el que Andrew Huberman habla de neuroplasticidad. Te recomiendo escucharlo entero y, si eres friki como yo, acudir a las referencias para profundizar todavía más en este tema. Pero de momento te dejo con lo mejor de su propuesta.

La atención es un proceso mediado en varias partes de nuestro cerebro que pone el foco de nuestra conciencia en aquello que deseamos analizar o que consideramos relevante. Los cambios en el cerebro de un adulto solo se ven estimulados por los procesos atencionales; es decir, si tú no consideras realmente que algo sea importante, no lo vas a aprender porque no pondrás la atención y motivación suficientes en el proceso. Al menos el tipo de cambios de los que estamos hablando. Si sufres un accidente que te provoca daños en el cerebro, estos cambios claramente no vienen de la atención —o sí, si se trata de un accidente fruto de un despiste.

Nuestro córtex prefrontal es una estructura del cerebro que dirige nuestra atención y sus recursos para decirle al resto de las neuronas que un estímulo es relevante para nosotros. Cuando esto ocurre, se segregan sustancias que ayudan a esos cambios estructurales fruto de la experiencia que estemos experimentando.

La motivación en la tarea que estamos realizando y la atención que pongamos va a ser fundamental para estimular la neuroplasticidad en la etapa adulta. Esto ocurre porque existen dos neuromoduladores que se liberan en partes distintas del cerebro involucradas con estos cambios: la epinefrina y la acetilcolina.

La epinefrina es lo mismo que la adrenalina. La llamamos epinefrina en el cerebro y adrenalina fuera de este, pero es el mismo concepto.

El *locus coeruleus*, una región anatómica del tallo cerebral, segrega epinefrina y como sus axones llegan a muchas partes, esta molécula tiene capacidad de acción en muchos rincones del cerebro. Cuando estamos en estados de alerta agudos se segrega tanta epinefrina que el funcionamiento de este neuromodulador a lo largo del cerebro se convierte en algo inespecífico que pone todo a funcionar. Pero esto solo ocurre en estados de alerta reales, no cuando pestañeas dos veces para intentar mantenerte despierto viendo una película.

Sin embargo, este proceso no es suficiente para que tenga lugar la neuroplasticidad. Necesitamos otro ingrediente más para que las neuronas sean plásticas: la acetilcolina. Cuando tenemos acetilcolina y epinefrina aprendemos de forma rápida e intensa. Nos ayuda a moldear el cerebro a la experiencia que estamos viviendo.

No podemos experimentar grandes cambios en el cerebro de forma pasiva, pero sí con nuestra atención e interés genuinos. Sin motivación para cambiar, no se va a producir ninguna modificación; por ejemplo, si queremos estudiar, aprender un nuevo idioma o un nuevo deporte.

La mejor forma de cuidar nuestra atención para que esté de nuestro lado en los periodos en los que queremos aprender es el descanso. El cerebro se limpia mientras duerme de la adenosina, que nos entorpece y atonta hasta

darnos sueño. Si nuestro cerebro ha dormido suficientes horas y de calidad, estará listo para enganchar y mantener los procesos atencionales en nuestro favor.

Otro truco para tener un pequeño empujón de atención es el café en cantidades moderadas, aunque dependerá de la tolerancia de la persona. Esta sustancia se une a esos receptores de adenosina, impidiendo que nos atontemos y ayudando a que no decaiga la atención.

Aprender no es solo estudiar o adquirir un nuevo talento musical, aprender es cambiar la forma en la que trabaja nuestro cerebro hasta ese momento. Por ejemplo, cambiar un hábito implica aprendizaje.

Sin embargo, a pesar de que el aprendizaje depende de la motivación y los sistemas atencionales de la persona, yo sostengo que el contexto es superimportante.

¿Cómo podemos competir con todo un ejército de neurocientíficos y expertos en marketing que diseñan los entornos para captar nuestra atención? Es muy complicado poner la atención a mi favor si está secuestrada por estímulos del entorno. Del mismo modo que es muy complicado mantener la atención y la motivación para no consumir alcohol si llegas al supermercado y las bebidas están siempre colocadas a la entrada o al lado de las cajas. Hoy en día, el esfuerzo por aprender cosas saludables y beneficiosas para nosotros es doble, porque no solo implica poner la atención en aprender lo nuevo, sino luchar por no caer en el bombardeo atencional de lo poco saludable.

En definitiva, un cerebro representa en estructura y función la historia y experiencias que vive. Voluntaria o involuntariamente.

CAPÍTULO 20

Cómo posponer el declive del sistema nervioso

El entorno y los hábitos moldean nuestras neuronas y nuestra salud. Los cambios en neuroplasticidad que experimentamos a lo largo de la vida no son decisión nuestra. Hay cambios en la sinapsis y en la comunicación neuronal que empeoran el funcionamiento de nuestro cerebro, así como alteraciones en las mitocondrias de esas células que producen estrés oxidativo, como en el resto del cuerpo.

La inflamación, un tema que hemos visto a lo largo del libro, y los motivos que la ocasionan, son compartidos también en el sistema nervioso con consecuencias similares. También sufrimos mutaciones genéticas que afectan a la neurodegeneración y cambios epigenéticos. Disminuye asimismo la capacidad de neurogénesis en zonas como el hipocampo, y es algo que no podemos detener.

En lo único que podemos influir promoviendo entornos y hábitos saludables es en la velocidad a la que se da este declive.

Si ponemos la disminución en neurogénesis del hipocampo como ejemplo, podemos empezar a hablar de hábitos y entornos metabólicos que pueden ralentizar este proceso y mejorar nuestra salud.

La densidad del hipocampo no solo se trabaja a través de la actividad cognitiva y de los retos intelectuales, sino que puede verse nutrida por la actividad física de una forma muy notable.

Cuando practicamos deporte, los músculos se contraen sintetizando exerquinas (moléculas que se liberan durante el ejercicio) que influyen en nuestra salud. El ejercicio es una estrategia no farmacológica muy prometedora para mantener y mejorar la función cerebral, no solo el hipocampo. Pero esta última estructura es una de las más estudiadas por sus significativos cambios ante la actividad física. Incluso en personas mayores, de entre 55 y 80 años, una actividad aeróbica como caminar se ha vinculado con un aumento en el volumen del hipocampo y mejoras en la memoria. Esto se ha relacionado con una prevención y un retraso de la aparición de enfermedades neurodegenerativas.

Los efectos del ejercicio en el cerebro constituyen un área de investigación en desarrollo, ya que cada vez se encuentran más relaciones entre aquel y la longevidad y salud neuronal.

Continuando con el ejercicio como vector de salud cerebral, te diré que su práctica regular beneficia también de forma indirecta al cerebro. El hecho de que una práctica saludable de deporte nos ayude a regular los niveles de inflamación corporal se asocia con beneficios indirectos para el sistema nervioso. Digo «práctica saludable de ejercicio» porque si los entrenamientos son muy intensos, pueden ocasionar mucha inflamación que supondría un gran estrés. Pero el tipo de actividad regular que se propone en este libro como saludable nos aportará un amortiguador para la inflamación crónica y ante el *inflammaging*. Dado que la inflamación y el deterioro del sistema inmune también afectan al sistema nervioso, practicar deporte ayudará a prevenir la inflamación en estas áreas.

Para ampliar la visión que relaciona nuestra salud corporal con el cerebro, es necesario poner en valor las investigaciones científicas actuales que abordan el tema del envejecimiento cognitivo relacionado con el efecto de la alimentación sobre mecanismos tan específicos como la neurogénesis, la depuración de proteínas en el cerebro, la inflamación y la epigenética.

CAPÍTULO 21

Comer sin
envejecer, o casi

La alimentación es un factor que tenemos claro que es clave en nuestra salud. La frase «somos lo que comemos» es acertada, al menos en el sentido biológico. Los alimentos y, sobre todo, la calidad de estos va a afectar a cómo son los ladrillos que componen nuestro cuerpo.

El consumo de ultraprocesados y la calidad de los alimentos en la dieta afectan también al cerebro. Con todo lo que hemos visto ya, entenderemos que una dieta rica en alimentos que desatan subidas abruptas de los niveles de glucosa en sangre es sinónimo de drama corporal.

Vamos a rescatar al factor de crecimiento insulínico (IGF-1), que se sintetiza cuando se elevan los niveles de insulina para estimular el crecimiento celular. Esta molécula también juega un papel significativo en la salud cerebral. Se ha encontrado que, durante el envejecimiento, los niveles de este factor en el cerebro disminuyen. En el caso de nuestro sistema nervioso central, esto está relacionado con la pérdida de neuroplasticidad y con la aparición de enfermedades neurodegenerativas. Sin embargo, si hay un exceso, también. Es decir, mantener unos niveles adecuados de azúcar en sangre y proteger los mecanismos que tiene el cuerpo para amortiguar las subidas abruptas de estos niveles es fundamental para cuidar el cerebro. Podríamos decir que este necesita un aporte estable. Lo cual no significa que tengamos que tomar una fruta rica en carbohidratos cada 10 minutos, sino que el exceso y el defecto se darán en patologías como por ejemplo la diabetes, en la que las concentraciones en sangre pasan de cero a cien, por decirlo de algún modo. Con una dieta saludable y actividad física regular, si tenemos a la genética un poco a nuestro favor, no deberíamos experimentar grandes fluctuaciones de esta glucosa en el cerebro ni del IGF-1.

Cuando hacemos prácticas que mejoran nuestra sensibilidad celular a la insulina, como el deporte, conseguimos un efecto neuroprotector.

Hablemos ahora de las grasas en la dieta. Las cadenas de ácidos grasos en los alimentos son de distintos tipos y todas pueden cumplir su función, salvo aquellas que han sido procesadas industrialmente. Esas cumplen una función hedónica, pero a nivel nutricional se ha encontrado que tienen efectos proinflamatorios y de mal funcionamiento de las membranas celulares.

Nuestras células están protegidas por una bicapa de lípidos que hace de barrera con el exterior, y la forma que tiene el cuerpo de obtener dichos lípidos es a través de la dieta. Si la calidad de estos es adecuada, con la combinación correcta de ácidos grasos saturados e insaturados, obtendremos membranas celulares fluidas que son capaces de comunicarse adecuadamente con el exterior y trabajar acorde a las demandas del tejido. Cuando nuestra dieta no tiene ácidos grasos de alta calidad como el omega 3, estos suelen estar reemplazados por muchos ácidos grasos saturados, que no son malos en sí mismos, pues pueden aportar turgencia a las membranas y estas la necesitan. Pero si solo tenemos ácidos grasos de este tipo nuestras membranas no funcionarán adecuadamente.

Ya que menciono el omega 3, he de decir que las células que fabrican las vainas de mielina son muy amigas de estos ácidos grasos, los necesitan para hacerlas y proteger los axones de las neuronas que hacen que las señales viajen rápidamente por los nervios. Te recomiendo encarecidamente asegurar la ingesta de este tipo de grasas saludables si quieres proteger a tu sistema nervioso ante el envejecimiento. Los niveles elevados de ácidos grasos omega 3 DHA y EPA pueden ayudar a proteger contra el desarrollo de la demencia.

Esto de que el cerebro sea una estructura tan dependiente de las grasas no es más que un problema. Por un lado, consume muchísima energía de la dieta, de tal modo que mantener solo el cerebro supone aproximadamente un 25 % de las calorías que ingerimos. El sistema nervioso toma preferentemente esas grasas para nutrirse y protegerse, y es por eso que los bebés tienen tanta grasa. No es broma, los bebés están programados para almacenar grasas y así garantizar que su sistema nervioso, en intenso desarrollo, siempre tenga combustible. Así de importantes son las grasas para el cerebro.

El buen funcionamiento del cerebro y del sistema nervioso en general depende de la integridad química del mismo. Además de ser muy rico en lípidos, el cerebro consume muchísimo oxígeno para funcionar. Esta combinación lo hace extremadamente propenso al tan poco deseado estrés oxidativo.

Cuando una estructura consume tanto oxígeno usando sus mitocondrias celulares provoca también una producción excesiva de especies reactivas de oxígeno. Por supuesto, el cerebro tiene herramientas para amortiguar esto, pero si no dejamos al cuerpo seguir sus ritmos naturales y, además, introducimos sustancias desde el exterior que afectan a su regulación natural, estos mecanismos no liberan bien ese estrés oxidativo.

En cualquier otra parte del cuerpo esto es perjudicial si no se amortigua neutralizando esas especies reactivas de oxígeno, pero los ácidos grasos poliinsaturados que tanto gustan a las neuronas son muy susceptibles a ser dañados por ellas.

En el cerebro encontramos diversos tipos de especies reactivas de oxígeno, como peróxido de hidrógeno (H_2O_2), anión superóxido (O_2^-), el radical reactivo hidroxilo HO^* e incluso especies reactivas de nitrógeno como óxido nítrico. Vaya, que el cerebro es una cueva propensa a la oxidación y profundamente vulnerable a esta por su estructura grasa.

Si al estrés que se genera en la propia actividad le sumamos el estrés oxidativo proveniente de la contaminación del ambiente, de químicos, de radiación iónica, de radiación UV o de fumar, no estamos dándole tregua a ese cerebro.

Antes de explicar las enfermedades neurodegenerativas que pueden aparecer en el cerebro y, a riesgo de encarecer todavía más el azafrán, te diré que se ha encontrado en él un poderoso efecto antioxidante con capacidad de protección contra enfermedades del sistema nervioso central. Su baja citotoxicidad y la capacidad de atravesar la barrera hematoencefálica lo convierten en un buen candidato para ser introducido en la dieta y ayudar a combatir el estrés oxidativo en el cerebro.

Quiero subrayar que no es que los adultos estemos perdidos, pero el mayor interés en la intervención nutricional, para conseguir un envejecimiento saludable y un buen pronóstico en cuanto a mantener un cerebro que lo acompañe, está en la dieta que recibimos durante las etapas del desarrollo.

La investigación realizada tanto en animales como en humanos ha demostrado que el cerebro es muy vulnerable al estrés durante la primera infancia y también durante la vejez. El problema durante la infancia es que la exposición al estrés se asocia con cambios duraderos en la estructura del cerebro adulto y un posterior deterioro cognitivo más acelerado.

Se cree que la epigenética juega aquí un papel importante, haciendo cambios en la metilación del ADN. Los factores de estrés en la infancia más estudiados tienen que ver con alteraciones en el cuidado parental o factores neuroendocrinos, pero la desnutrición temprana también puede dejar estas huellas en el cerebro.

CAPÍTULO 22

La mitad de tu cuerpo no es humano

Hay agentes que influyen notablemente en nuestra salud y envejecimiento que no han de ser infravalorados. Dentro de nuestro organismo (y sobre él) viven más de 39 billones de bacterias. Constituyen el microbioma del cuerpo humano y representan a todo el conjunto de microorganismos que viven en nosotros.

Estos microorganismos suman más células que las nuestras y también más cantidad de genes que los nuestros. Es como si nosotros fuésemos un transporte para otras vidas. Las bacterias son las más abundantes, con esos 39 billones de células, pero también hay otros tipos celulares viviendo con nosotros.

Seguro que has oído hablar de la microbiota intestinal o de la flora vaginal, generalmente en contextos que nos hablan de lo importante que es proteger a ambas.

Las poblaciones de bacterias que viven en nosotros han evolucionado con nuestra especie y su presencia forma parte de nuestro buen funcionamiento. Sin bacterias en el intestino, por ejemplo, no podríamos digerir muchos alimentos y obtener los nutrientes necesarios. Gracias a la convivencia con ellas, nosotros obtenemos alimento pero ellas también; de hecho, ellas comen primero muchas veces.

Además de hacer contratos de simbiosis y mutualismo, el mero hecho de que estemos colonizados por unas cepas de bacterias amigas que funcionan en equilibrio y armonía con nuestro cuerpo nos protege de otras amenazas. Si las bacterias «buenas» ocupan el territorio, no queda sitio para las malas. Por eso era perjudicial el alcohol en el sistema digestivo, porque mata a muchas de las bacterias buenas y nos deja más vulnerables a ser colonizados por bacterias que no nos harán bien.

Sin embargo, sus funciones no terminan ahí. Estudios en distintas especies animales han comprobado que el hecho de convivir con la microbiota es crucial para otras cuestiones vinculadas al sistema nervioso como el neurodesarrollo, la neuroinflamación e incluso nuestra conducta.

Después de años de apenas coincidir, los estudios de microbiología y neurociencia se han unido en las dos últimas décadas para investigar la interacción de nuestro microbioma con el sistema nervioso. El fruto de su trabajo ha sido encontrar rutas de comunicación bidireccional entre las bacterias que viven en nuestro sistema digestivo y nuestro sistema nervioso central. A esta ruta de comunicación se la ha denominado eje cerebro-intestino.

La microbiota que vive en nuestros intestinos se compone de distintos tipos de microorganismos, entre los cuales las bacterias son las más abundantes, pero también hay arqueas, levaduras, parásitos helmintos o virus como bacteriófagos.

Desde que nacemos se empieza a componer el mapa de nuestra microbiota intestinal. Según el entorno en el que vivimos y con qué tipos de microorganismos entremos en contacto a través de la dieta y el ambiente, estaremos colonizados por un tipo u otro de microbiota.

Nuestra genética, la exposición a antibióticos, el estrés o las infecciones que padezcamos a lo largo de la vida van a determinar nuestra microbiota, pero el factor más influyente es la dieta. La comida que ingerimos transporta los microorganismos que pueden llegar a implantarse y, dependiendo de lo que comamos, estaremos alimentando unas u otras bacterias. Generalmente una dieta variada se equipara también a una microbiota completa y funcional, mientras que si en nuestra dieta abundan los ultraprocesados y faltan alimentos ricos en fibra, grasas saludables o proteínas, tendremos una microbiota que nos dejará muy expuestos y vulnerables a diversas patologías.

La ciencia ha encontrado que cuanto más variada es la microbiota intestinal mejor salud y longevidad tendrá la persona. Teniendo en cuenta que a cada tipo de microorganismo le gusta una cosa, cuanta más variedad de alimentos consumamos, más tipos celulares cuidaremos, y por lo tanto también nuestra salud general.

Incluso con esta información, y entendiendo que hay una comunicación entre el intestino y el cerebro, sorprende saber que la microbiota intestinal está relacionada con procesos patofisiológicos involucrados en enfermedades neurodegenerativas como alzhéimer, trastornos del espectro autista, esclerosis múltiple, párkinson o ictus.

Pero la microbiota no solo participa en las enfermedades del sistema nervioso, sino que se ha encontrado que una buena salud intestinal y una microbiota saludable se asocian a un desarrollo saludable del mismo. Desde pequeños, la microbiota participa del crecimiento de las neuronas y de la evolución de nuestro sistema nervioso.

De momento en el camino científico de la fusión de la neurociencia y la microbiología, es pronto para establecer mecanismos claros de cómo esas enfermedades neurodegenerativas se ven causadas o influenciadas por la microbiota de nuestro cuerpo. Pero podemos quedarnos con la noción de que proteger la microbiota con una dieta rica y variada, evitando o reduciendo el consumo de alcohol y un exceso de alimentos ultraprocesados, es importante para proteger no solo nuestro cuerpo, sino nuestro cerebro.

Para no dejar de lado la perspectiva de que no todo está en nuestra mano y de cómo el entorno condiciona notablemente nuestra salud he de añadir que el lugar donde vivimos también afecta a la riqueza de nuestra microbiota, y en consecuencia suma o resta a nuestra salud general.

La investigación sobre los insultos ambientales arroja luz sobre la influencia de las regiones urbanas en oposición a las rurales en la microbiota.

En entornos urbanos, en los que encontramos aires contaminados y metales pesados en contacto con las personas, se dan consecuencias como procesos inflamatorios que deterioran la respuesta regulatoria y antimicrobiana del organismo. Por lo cual, se encuentra una menor diversidad de microbiota en el intestino y también en los pulmones, dando lugar a una mayor incidencia de respuestas alérgicas del sistema inmune.

Por otro lado, en los ambientes rurales más tradicionales encontramos una buena respuesta antimicrobiana y regulatoria que da lugar a una gran diversidad de microbiota en los pulmones y el intestino, y menos incidencia de respuesta del sistema inmune con alergias.

No quiere decir esto que tengamos que mudarnos todos al campo, pero las medidas de control de contaminantes ambientales en las zonas urbanas son urgentes.

Eje cerebro-intestino

Es posible que te llame la atención que abordemos la microbiota de nuestro cuerpo en un capítulo destinado a hablar del envejecimiento del cerebro. Pero la ciencia lleva años investigando la influencia de las bacterias de nuestro intestino en la actividad de nuestro sistema nervioso. La evidencia sobre esta interacción ha llegado a culminar en la descripción de un nuevo eje de comunicación y regulación del organismo, el eje cerebro-intestino. De hecho, muchos autores hablan directamente de un eje microbiota-cerebro-intestino.

La población de microorganismos en nuestro sistema digestivo tiene grandes implicaciones sobre la fisiología gastrointestinal y la función de nuestro cerebro e incluso de nuestra conducta. Gracias a esta influencia se ha bautizado al intestino como el «segundo cerebro».

Cuando las bacterias viven en nuestro cuerpo dejan rastro de su actividad en forma de restos de su alimentación, proteínas o incluso neurotransmisores. Estas sustancias son leídas por nuestro cuerpo como mensajes y señales con las que interactuar y por eso tienen tanto impacto sobre nuestra salud.

La comunicación entre el cerebro de la cabeza y el de la barriga es bidireccional. Esto implica que tanto las bacterias pueden afectar a la actividad del sistema nervioso como el cerebro afectar a la función del intestino. Esto último no sorprende: si pensamos en cómo situaciones estresantes pueden afectar a nuestro tránsito intestinal (acelerándolo o paralizándolo), es fácil ver cómo nuestra actividad cerebral afecta a la intestinal. Sin embargo, la influencia de lo que ocurre en el intestino sobre el sistema nervioso es un poco menos popular.

Ya hemos hablado del sistema nervioso, pero es hora de profundizar en la magia de todo lo que hacemos sin darnos cuenta. Gracias al denominado sistema nervioso autónomo tenemos conexión con órganos internos como el estómago, el hígado, los riñones, los pulmones, los genitales, las pupilas, las glándulas sudoríparas, los vasos sanguíneos y el sistema digestivo. Todas estas partes de nuestro cuerpo operan de forma automática sin que tengamos que darle órdenes. En esta parte del sistema nervioso hay poco espacio para la neuroplasticidad. Independientemente de tu lugar de nacimiento o de cómo sea tu entorno, la mayoría de las personas tenemos un funcionamiento muy similar en el sistema nervioso autónomo.

Su funcionamiento se divide en dos vías, la simpática y la parasimpática, que van alternando su trabajo para ponerse a las órdenes del director de la orquesta de la homeostasis corporal. Pero en concreto nos interesa hablar de una estructura muy larga del sistema nervioso parasimpático, el nervio vago, que conecta directamente el cerebro y el intestino con una vasta red de fibras nerviosas que modulan la actividad gastrointestinal y recogen esas señales que también pueden afectar a nuestras emociones y conducta. ¿Cuáles son esas señales?

Podemos referirnos a los humanos como «superorganismos» por la diversidad de microorganismos que nos acompañan. En el intestino, el 99 % de las especies que constituyen la microbiota son bacterias que se mantienen ahí por sus funciones de ayudar en la digestión, producir vitaminas que son esenciales para nuestra salud y contribuir a que el medio del intestino sea saludable.

En la digestión, las bacterias son fundamentales para ayudarnos a deshacer carbohidratos complejos y fibras que nosotros no podríamos digerir. Cuando hacen este trabajo dejan restos que son cadenas cortas de ácidos grasos y otros metabolitos que podemos usar como energía, pero que también tienen otras funciones de regulación del entorno intestinal. Algunos de estos metabolitos y ácidos grasos son fundamentales para la función del sistema nervioso, pero también entrañan una gran sorpresa sobre otro sistema fundamental en este libro, el sistema inmune.

Resulta que los microorganismos del intestino y su actividad ayudan al sistema inmune a entrenarse distinguiendo entre los patógenos peligrosos para nosotros y los beneficiosos. Esto es muy importante, ya que la alimentación es uno de los mayores riesgos de contaminación con patógenos a los que nos enfrentamos a diario. Otras formas de infección pueden ocurrir a través de cortes en la piel o contagios a través de partículas en suspensión en el aire, pero son sucesos más esporádicos. Sin embargo, comemos varias veces al día y esos alimentos han de ser meticulosamente analizados para actuar rápidamente en el caso de posible intoxicación o infección.

El sistema inmune y el intestino están íntimamente relacionados y, por supuesto, necesitan incluir al cerebro en esa relación. Si hay una amenaza local es importante congregar a más soldados rápidamente para que acudan a resolver la emergencia, por eso el nervio vago es un componente clave en el reflejo inflamatorio que regula las respuestas del sistema inmune innato. Cuando hay señales proinflamatorias, tensión muscular o señales químicas producto de la microbiota, llegan rápidamente al sistema nervioso central para que se emita una respuesta.

El nivel de desarrollo del sistema nervioso en nuestro vientre es tal que llega a tener nombre propio. Parte del sistema nervioso autónomo que opera en esa región se denomina sistema nervioso entérico. La labor de todas estas fibras nerviosas es la de trabajar con las células del sistema inmune que viven en el intestino como macrófagos, células T y otros elementos que participarán en la protección ante posibles amenazas. Lo interesante de esta parte del sistema nervioso autónomo es que sí alberga más neuroplasticidad. Se ha visto que la microbiota, la dieta y los patógenos con los que interactuamos desde que nacemos afectan al desarrollo y funcionamiento de esta red neuronal. De hecho, algunos estudios han observado que en condiciones estériles de desarrollo desde el nacimiento se han encontrado disfunciones significativas a nivel inmune y de desarrollo del sistema nervioso entérico. Vamos a dedicar especial atención a esto.

CAPÍTULO 23

Eje microbiota-inmune-cerebro-intestino

Dado que los nutrientes de la comida han de llegar al torrente sanguíneo para que podamos funcionar adecuadamente, el intestino es una estructura compleja en la que muchas células cooperan para filtrar adecuadamente lo que llega a la sangre.

El intestino es un tubo constituido por capas de músculo y células que por dentro constituyen la mucosa intestinal. La musculatura se encarga de mover el bolo de alimento que ingerimos y las capas de mucosa contienen las células que permiten la absorción de nutrientes y agua. Para que esto llegue rápidamente a la sangre, dentro de la mucosa penetra el sistema circulatorio en forma de miles de capilares sanguíneos muy pequeños. Una vez que las capas de mucosa dan el visto bueno a lo que ingerimos, el bolo puede pasar directamente a la sangre y distribuirse por el cuerpo. Acompañando a todas estas estructuras, por supuesto, encontramos ese sistema nervioso entérico que va a trabajar con todas las señales del entorno.

La microbiota del intestino se aloja en la mucosa, en la luz del tubo intestinal. Las células de la mucosa secretan un moco que permite que vivan en ese medio y sobreviven alimentándose antes que nosotros. Por si no hubiese suficientes ingredientes en esta ecuación creciente —que ya podemos pasar a bautizar eje microbiota-inmune-cerebro-intestino—, es relevante saber que el sistema endocrino también opera en nuestro intestino. Sorprendentemente las bacterias no solo producen componentes como citoquinas que activan el sistema inmune, o neurotransmisores que operan en el sistema nervioso, sino también neuropéptidos y mensajeros endocrinos como hormonas que afectan a la función del resto del organismo. Curiosamente las bacterias comparten un lenguaje neuroquímico con nosotros. Producen componentes como serotonina, catecolaminas, ácido butírico, GABA y otros metabolitos que operan normalmente regulando nuestro estado de ánimo, nuestra cognición y el trabajo del sistema inmune.

Las células que producen el moco en el que viven esas bacterias están estrechamente unidas. Tienen conexiones entre ellas que impiden que el contenido del intestino penetre sin supervisión a la submucosa, donde podría causar infecciones o daño. El contenido del intestino ha de absorberse a través de las membranas celulares, que cuentan con receptores entrenados para saber quiénes pasan y quiénes no. Por suerte, debajo de la mucosa hay una submucosa que aloja a los soldados del sistema inmune. Si algo se cuela, se pondrá a trabajar inmediatamente en su reconocimiento y eliminación en caso de ser necesario.

Cuando la estructura de esa mucosa se altera, hablamos de trastornos en la permeabilidad intestinal. Si las células empiezan a separarse, el contenido del tubo digestivo comienza a estimular de forma constante el sistema inmune, pudiendo causar inflamación y trastornos digestivos. El síndrome de intestino irritable es un trastorno relacionado con un aumento en la permeabilidad del intestino que activa una inflamación que ocasiona dolor, distensión abdominal y altera el ritmo de deposiciones causando estreñimiento, diarrea o una alternancia de ambos.

Ahora que entendemos cómo está conectado el cuerpo con el intestino, la afectación de esta permeabilidad aumentada no queda en el propio intestino, sino que también se ha relacionado con trastornos en el sistema nervioso. De hecho, la integridad de esta mucosa podría verse afectada de dos formas: una mala función en el sistema nervioso que altera la integridad de esta estructura o el contenido del intestino que puede degradarla. Una dieta variada que integre y alimente una gran variedad de microbiota nos ayuda a mantener una mucosa con una buena permeabilidad y a prevenir los trastornos que veremos a continuación.

Una propiedad importante de las células del sistema inmune es que pueden penetrar en el sistema nervioso y en el cerebro y detonar allí respuestas inflamatorias. Y cuando no lo hacen las propias células del sistema inmune, pueden ser las citoquinas inflamatorias que llegan desde el intestino a la sangre. La ciencia ha encontrado que la inflamación detonada a nivel intestinal puede ocasionar inflamación en el cerebro y provocar cambios en su función; esto, por supuesto, afecta a nuestro estado de ánimo, a la cognición y a nuestra conducta. Los mecanismos que operan aquí todavía no se entienden en profundidad, pero la relación entre ambos procesos está demostrada de forma muy sólida, y se encuentran conexiones entre la microbiota y los trastornos del espectro autista, la enfermedad de Parkinson o el mal de Alzheimer. Esto nos lleva a ver que la disbiosis, los trastornos en la variedad de microbiota intestinal, está relacionada con la aparición de trastornos en la salud mental.

Toda esta investigación nos lleva a poner el foco en cómo cuidamos la microbiota intestinal a lo largo de la vida y en cómo podemos proteger al cerebro de los trastornos neurodegenerativos ocasionados por una microbiota pobre o dañada. Por desgracia, la parte más importante no podemos arreglarla porque se establece en la alimentación durante la infancia, sin embargo podemos implementar medidas para aquellos que aún están a tiempo. La microbiota intestinal, el neurodesarrollo del sistema nervioso entérico y la fortaleza del sistema inmune adquirido, que se entrena a nivel local en el tubo digestivo, ocurre en las primeras etapas de nuestra vida. La mejor neuroprotección que podemos otorgar a los más pequeños en este aspecto es proteger su dieta desde los primeros meses de vida. Esto implica que los profesionales de la salud pública y los que van a tratar las primeras etapas de la infancia (pediatría, enfermería, matronas, nutricionistas y personal de farmacia) estén adecuadamente actualizados en la evidencia científica sobre nutrición en las primeras etapas de la vida. La protección y el asesoramiento en la lactancia materna es fundamental para el desarrollo de la microbiota intestinal. Si bien la leche de fórmula puede ser un as en la manga para aquellas situaciones en las que no hay alternativa, la lactancia materna se presenta como la primera opción para establecer los primeros pasos de este desarrollo. Sin embargo, un entorno social que no facilite este proceso empujará a muchas personas a abandonar esta práctica.

No debemos olvidar que sobre la lactancia materna hay mucho estigma que no viene solo de la sexualización de los pechos de las mujeres, que han llevado a que no tengamos normalizado ver a bebés en espacios públicos alimentándose naturalmente. La industria que produce la leche de fórmula hizo una gran labor de visita médica introduciendo este producto en el ámbito clínico y farmacéutico. Hace décadas lograron asociar el consumo de estos productos a un mejor estatus socioeconómico. Si no tenías que dar el pecho, era porque podías permitirte comprar la leche de fórmula. En los propios hospitales donde se daba a luz se proponía e incluso se regalaba la leche de fórmula por la infinidad de muestras que los comerciales dejaban a las enfermeras y pediatras.

Hoy en día, cada vez hay más formación para asesorar sobre los beneficios de la lactancia a madres primerizas. Por suerte poco a poco vamos normalizando la práctica de dar el pecho a un bebé, lo que hace que tengamos más información sobre cómo es, cómo ocurre y que aprendamos más rápidamente a hacerlo cuando nos toca. Si bien puede parecer que es algo innato que ocurre entre la madre y el bebé de forma espontánea, la lactancia es un aprendizaje de ambos que puede tardar un par de meses en consolidarse, con retos y dificultades. El hecho de abordarlos públicamente con personal cualificado y otras personas que normalicen esta práctica nos acerca a eliminar el estigma y a aumentar esta práctica tan saludable para el bebé. Sin embargo, sin un apoyo estructural de la sociedad, este conocimiento no vale para nada. Si las guías establecen que lo deseable sería una lactancia exclusiva de unos 6 meses pero las bajas de maternidad son de 4, ¿cómo podemos adaptarnos a esa recomendación médica? Si no sé cómo es una lactancia y lo duro que puede ser establecerla, ¿de qué manera voy a atravesar la barrera de las primeras semanas de vida en las que no tengo alternativas para alimentar a mi bebé?

Me centro en este aspecto porque las primeras etapas del desarrollo son vitales, pero la lactancia no lo es todo. Desde la alimentación complementaria a la lactancia o a la fórmula, estamos estableciendo también esa microbiota intestinal. Exponer a los bebés a una dieta variada y de calidad es muy importante, y concienciar a las instituciones que alimentan a estas generaciones es fundamental. Poco a poco vemos mejoras en los menús escolares, que van reduciendo los ultraprocesados para ofrecer menús semanales que en el mejor de los casos están supervisados por nutricionistas. En este aspecto, las becas comedor que puedan dar acceso a estos recursos a familias que no los tienen es fundamental para frenar esa barrera socioeconómica que puede determinar el futuro envejecimiento del sistema nervioso de esos niños y niñas.

En la etapa adulta no tenemos que tirar la toalla. Es mucho lo que podemos hacer por nuestro sistema digestivo. Además de protegernos de esos insultos ambientales, la dieta es determinante y las recomendaciones están todas orientadas a la inclusión de alimentos que contengan prebióticos, probióticos, simbióticos y postbióticos. Los dos primeros seguro que te suenan. Los prebióticos son los sustratos que alimentan las bacterias que tenemos en el intestino y los probióticos son alimentos que contienen microorganismos que dan lugar a nuevas tropas para la variedad intestinal. Los nuevos en la lista son los simbióticos, que contienen mezclas de prebiótico y probiótico, y los postbióticos, que contienen los metabolitos de microorganismos que son beneficiosos para la salud intestinal.

También se pone especial interés en los alimentos fermentados como yogur, queso, pan artesanal, kombucha, tempeh, kimchi o miso. Desde luego, en Asia tienen muchos fermentados a los que prestar atención por sus beneficios y por su delicioso sabor.

En definitiva, la receta para una buena salud intestinal pasa por una dieta variada que preste especial atención al consumo de este tipo de productos. De hecho, en 2025, en España se estudió la microbiota intestinal de una mujer centenaria, María Brañas, que fue durante un año la más longeva del mundo con 117 años. En ese estudio se equiparó su microbiota a la de una niña y se relacionó con una de las causas de su longevidad. Esta mujer no solo era longeva, sino que estaba activa y saludable. Las declaraciones a la prensa de Braña y de los científicos subrayan el hecho de que consumiese yogur a diario. Obviamente, habría mucho más en juego que el yogur, pero desde que lo he visto siempre me aseguro de que en mis cestas de la compra haya yogur natural y kéfir. Si no consumes lácteos, personalmente recomiendo el miso y el kimchi.

En caso de que no sea posible cuidar estos factores existe una práctica clínica denominada trasplante de heces. Tal como suena, consiste en tomar heces de individuos sanos y compatibles a nivel biológico con el paciente y trasplantar estas muestras tratadas al intestino con una microbiota dañada. Con esta práctica se busca repoblar el intestino con cepas variadas y vinculadas a una buena salud.

CAPÍTULO 24

Estrés y envejecimiento

Una vez cubierto el eje cerebro-intestino de abajo arriba podemos avanzar a cómo opera de arriba hacia abajo. Vamos a hablar de cómo el cerebro puede afectar a la integridad del intestino.

Desde que nacemos estamos moldeando constantemente el sistema nervioso con múltiples estímulos internos y externos. Un entorno apropiado que nos exponga a las señales adecuadas nos garantizará un sistema nervioso saludable, capaz de amortiguar con mayor tasa de éxito las amenazas y estreses de la vida adulta. Cualquier cosa puede suponer una amenaza: los patógenos, la contaminación ambiental, una dieta empobrecida o el estrés psicológico, en el que me quiero centrar.

Son múltiples las circunstancias que pueden ocasionar estrés a un individuo, entendido como una situación desagradable a nivel cognitivo y fisiológico que está vinculada a emociones como el miedo, la inseguridad o la preocupación. Esto se ha conservado desde el punto de vista evolutivo, pues nuestra integridad y supervivencia dependen de que nuestro sistema nervioso sepa leer y reaccionar ante situaciones que podrían ponernos en peligro. Es muy gracioso cómo se popularizan videos en redes sociales de personas diciendo que están tratando de explicar a su cuerpo que están enfrentándose a una discusión con su jefe y no a un león persiguiéndolos por la sabana. Esto alude a que tenemos un sistema de alerta que ha evolucionado con nosotros para movilizarnos ante situaciones que pueden suponer una muerte inminente, como enfrentarnos a un león. Pero ¿por qué podría responder así el cuerpo por una discusión con nuestro jefe?¿Es nuestro jefe un felino con garras retráctiles de 30 centímetros?

Nuestro cerebro tiene estructuras que modulan nuestra atención y ponen el foco en aquello que puede ser relevante para nosotros y para nuestra supervivencia. Desde que nacemos, la memoria va construyendo una biblioteca de información de qué cosas son buenas o malas para nosotros, como hace el sistema inmune con las sustancias que entran en nuestro cuerpo. Esa biblioteca de información está conectada a las emociones y a sistemas de activación corporal. Por un lado, las emociones ayudan a consolidar la información; si en una situación experimentamos emociones desagradables vinculadas a experiencias que amenazan nuestra integridad física o personal, almacenaremos esa información con esa emoción. Para que no se repita la situación de «peligro», cuando detectamos información en el exterior que nos recuerda esa situación desagradable o peligrosa se activan respuestas y mecanismos de huida o evitación que nos ponen a salvo. Por ejemplo, si sabemos que un león es peligroso, ver uno de cerca activará esa información archivada y emociones que están también conectadas a un sistema de huida. Entra aquí en juego otro eje, el eje hipotálamo-hipófisis-adrenal. El director de la orquesta homeostática también se encarga de avisar a su vecina la hipófisis de que hay que secretar sustancias que activen los músculos para correr y al sistema inmune para protegernos. La parte adrenal es la que se aloja encima de nuestros riñones. Allí están las glándulas adrenales, encargadas de producir hormonas activadoras como el cortisol, que ayudan a aumentar la frecuencia cardíaca, a transportar más sangre y oxígeno a los músculos y también a movilizar depósitos de grasa corporal por si necesitamos la energía.

En definitiva, el cerebro y nuestros pensamientos tienen la capacidad de activar una cascada y respuesta fisiológica de forma inconsciente. Tú no le pides al corazón que vaya más rápido, simplemente ocurre cuando te sientes en peligro. Si una discusión con tu jefe puede dejarte sin trabajo, sin recursos y sin alimento, eso también amenaza tu integridad personal y supervivencia. En otras situaciones es más complicado vincular esa agitación corporal a la supervivencia, como cuando sentimos que estamos haciendo el ridículo en público o cuando nos da miedo meternos en un ascensor. Pero al final es importante entender que las experiencias que vive una persona a lo largo de su vida moldean lo que es fundamental para su supervivencia e integridad personal, por lo que los miedos, preocupaciones o circunstancias que pueden activar este eje en cada persona son individuales, así como los umbrales que disparan esta respuesta.

Independientemente de lo que genera respuestas de estrés en nuestro eje hipotálamo-hipófisis-adrenal (HPA), la acción de estas hormonas activadoras sostenidas en el tiempo no es inocua. Además de provocar daños en el metabolismo y en nuestro sistema inmune —que acaba sobreestimulado—, también afecta a nuestro intestino. Hormonas como el cortisol pueden alterar la composición y diversidad de los microorganismos del intestino, y curiosamente la alteración de esta composición puede causar estrés crónico. Como una retroalimentación positiva que se inicia de forma exógena y se agrava a nivel endógeno.

El estrés crónico se ha asociado con un deterioro en la memoria que podría estar vinculado a nuestra microbiota. Se ha relacionado incluso la sobreactivación del eje HPA a la depresión, conectándolo con la microbiota intestinal. Los pacientes con depresión generalmente desarrollan síntomas de deterioro en el eje cerebro-intestino, y esto está siendo muy estudiado en todo el mundo. Desde la falta o el aumento de apetito, problemas metabólicos, afectaciones a la permeabilidad intestinal o anormalidades en la microbiota intestinal, todos estos síntomas aparecen frecuentemente en pacientes con depresión. La evidencia ha llegado a apuntar a cepas concretas de bacterias que aparecen aumentadas en pacientes con depresión, en concreto las que causan inflamación. En lo que respecta a la depresión, la sintomatología digestiva y la microbiota son un factor que hay que tener en cuenta tanto en materia de prevención como de tratamiento. ¿Quiere decir esto que una microbiota saludable nos evitará una depresión? Por supuesto que no; como mencionaba antes, la vinculación más fuerte en lo que atañe a la depresión se ha asociado a la estimulación constante del HPA, que viene por el entorno al que está expuesta la persona. Si bien puede haber también factores hereditarios, la mayoría de los elementos que llevan a un individuo a este trastorno de la salud mental tienen que ver con el contexto en el que vive, y eso es lo primero que hay que abordar, qué estresores hay en ese ambiente y qué herramientas y recursos tiene la persona para enfrentarlos.

También es importante adaptar el conocimiento y el diagnóstico al contexto en el que vivimos. Cuando un estrés crónico nos afecta hasta el punto de generar un trastorno de conducta en el que no podemos desarrollar nuestra vida personal, social o laboral con normalidad consideramos que hay, efectivamente, un trastorno. Hay una reflexión que he escuchado repetidas veces decir a Nacho Roura (@neuronacho) y me parece muy importante añadir aquí. Tendemos a hacer el diagnóstico sobre la persona y no sobre el entorno. ¿Está la persona deprimida o vive en un entorno depresógeno? ¿Hasta qué punto podemos ir a terapia y aprender herramientas para gestionar un estrés crónico ocasionado por un entorno laboral, digital y personal que no podemos cambiar? No todo está en nuestra mano y, cuando las condiciones son generalizadas a toda una población, ya no podemos hablar de un trastorno, porque pasa a formar parte de la respuesta natural de las personas a esas condiciones. Si todos reaccionamos con tos a un tóxico liberado en el ambiente, no vamos a diagnosticar a cada persona con un trastorno de alergia o intolerancia a ese tóxico: catalogamos la sustancia como peligrosa y la erradicamos del ambiente. Siguiendo esa lógica, nos asomamos a circunstancias sociales que deberíamos revisar y erradicar, ya que tenemos literatura y evidencia científica suficiente para comprobar que se trata de condiciones incompatibles con la salud.

Con todo lo que conocemos sobre cómo conservar una buena salud mental y física, no es sorpresa observar cómo la rutina a la que muchas personas se ven empujadas por su trabajo (en un contexto de precariedad laboral) es estresante, lo cual se llega a cronificar.

Las jornadas largas de trabajo no son exclusivas de las situaciones de precariedad, sin embargo los recursos de las personas para amortiguar los efectos de ese estrés sí dependen de las condiciones salariales. Pongámonos en la situación de que soy una mujer dedicada a las finanzas, trabajo en una consultora muchas horas al día y gano seis cifras anuales en España. Cuando salgo de trabajar tengo un coche con el que llego a casa en 20 minutos. Una vez allí, un servicio de limpieza me ha dejado la casa limpia y ordenada. Me voy al gimnasio que tengo en la planta baja y después disfruto de una saludable sauna con luz roja que está estimulando toda una cascada de procesos antioxidantes en mi cuerpo. Cuando subo a la cocina, tengo la nevera llena de comida nutritiva con platos preparados listos para calentar y consumir. Pero si no me apetece cenar en casa, puedo permitirme llamar a unas amigas y cenar fuera, disfrutando de una conversación que me permite relativizar todo el estrés del día y liberar tensiones. Cuando vuelvo puedo leer tranquilamente un rato antes de ir a dormir, programar mis clases de pilates y cerámica de la semana e ilusionarme con la escapada a esquiar que tengo para la semana siguiente.

Sin embargo, si salgo de una larga jornada de trabajo y tengo que volver en dos buses a mi piso en las afueras de la ciudad, la cosa cambia. Por el camino tengo que parar a hacer la compra. Todo ese trayecto y esas gestiones me han llevado una hora y media. Cuando llego a casa tengo que colocar la compra, hacer la cena, limpiar, ordenar, etc. Lo más probable es que el presupuesto no me llegue para comprar salmón o aceite de oliva virgen extra ni conseguir la mejor calidad en mis ácidos grasos omega 3. Con el poco tiempo que me sobra, lo más probable es que quiera meter cualquier cosa en el microondas, un precocinado por ejemplo. El día podría terminar con una serie mientras me quedo dormida, porque de repente, solo con ir a la compra, recoger la casa y poner una lavadora, ya es de noche y tengo que madrugar para una hora de transporte que me lleve al trabajo al día siguiente.

Ni siquiera voy a añadir hijos a esa ecuación, ya sabemos que no va a mejorar los niveles de estrés percibidos por esa persona. Lo que intuimos es que, en el segundo caso, las posibilidades de amortiguar el estrés a lo largo de su jornada son mucho más reducidas.

Las herramientas con mayor evidencia científica para ayudar a manejar el estrés son la terapia psicológica y la meditación, y ambas son un recurso que no está al alcance de todos.

Cuando esta situación se repite día tras día sin un contexto social con capacidad de amortiguar el impacto de esas diferencias sobre la salud, podemos ver cómo las circunstancias socioeconómicas repercuten directamente no ya en el estrés que pueda experimentar una persona, que puede ser algo independiente del estatus socioeconómico, sino en los recursos para paliar los efectos negativos de dicho estrés sobre la salud mental y, cómo no, sobre la famosa reserva cognitiva de la que ya hemos hablado.

CAPÍTULO 25

La sociedad en la que envejecemos

Cada persona desarrolla distintas necesidades y deseos en lo que a relaciones sociales se refiere. La frecuencia y calidad de las interacciones que tenemos con otras personas atiende a preferencias individuales, pero a pesar de esto, la ciencia ha estudiado los efectos en la salud y longevidad de las personas con conexiones sociales fuertes y las diferencias con las que tienen conexiones pobres o de escasa calidad. Estas cuestiones se han parametrizado en el concepto de salud social, que mide componentes como la estructura de nuestras redes sociales y de convivencia, la función de esas redes, (el grado de apoyo social) y la calidad de las mismas. Si bien, de nuevo, la calidad de la interacción social es subjetiva, lo que podemos evaluar es cómo se siente la persona independientemente de la intensidad de la interacción; los sentimientos de soledad o de calidad de las relaciones son aspectos que evaluamos personalmente. Una persona puede sentir soledad teniendo interacciones constantes con otras personas y otra puede no sentirse sola a pesar de tener menos interacciones.

Como curiosidad te diré que un estudio realizado con personas que viven en residencias geriátricas se observó que las personas mayores que no tenían hijos se sentían menos solas. Curiosamente, el hecho de no tener expectativa de que viniesen a verlos o de participar en actividades familiares que ocurren fuera de la residencia hacía que las personas sin hijos ni familiar participasen más en las actividades del centro y tuviesen menos sentimientos de soledad.

Con esta reflexión no quiero decir que abandonemos a las personas mayores en residencias sin expectativas de ser visitadas, sino que apunto a las distintas causas que podría tener un sentimiento de soledad, incluso en una red social aparentemente idéntica. Es importante el estudio de estas materias, ya que cuidar las redes sociales reales, no las del teléfono móvil, resulta fundamental para protegernos ante los trastornos neurodegenerativos.

Los entornos socialmente estimulantes promueven mecanismos neuroprotectores en nuestro cerebro, además de que se cree que contribuyen a aumentar la reserva cognitiva de la que hablamos anteriormente.

Las interacciones sociales son beneficiosas incluso cuando no son estrechas o íntimas. En poblaciones que tienen interacciones sociales casuales a diario se han encontrado beneficios, ya que las conversaciones que tenemos con un vecino, la carnicera o la conductora del autobús suponen un estímulo para nuestra cognición. Pero, en las investigaciones, lo que ha tenido más peso son los vínculos estrechos con otras personas. El contacto con otros seres humanos puede suponer lazos sociales que amortiguan el estrés y la activación del sistema hipotálamo-hipófisis adrenal. Compartir las preocupaciones con un ser querido, el contacto físico y la validación de nuestras emociones son un eje central que contribuye a la regulación de efectos desagradables sobre nuestra salud del estrés crónico.

Aprovecho aquí para poner en valor el hecho de regular lo que nos ocurre con otras personas. Los de la generación milenial vivimos influenciados por programas como *Supernanny*, en el que mandaban a los niños a su cuarto cuando estaban experimentando emociones desagradables que todavía no sabían gestionar solos o les decían directamente que solo les prestarían atención cuando se calmasen. ¿Os imagináis llegar a casa de una amiga, llorando y agitada, y que en lugar de preguntarte qué te pasa o darte un abrazo te diga que no te deja pasar hasta que estés bien? No, ¿verdad? ¿Por qué deberíamos hacer eso con un menor que tiene todavía menos recursos que un adulto para gestionar sus emociones solo?

Mientras escribía este libro escuché en el podcast de Mel Robbins un episodio en el que entrevista al doctor Gabor Maté titulado «The Shocking Link between ADHD, Addiction, Autoimmune Diseases, and Trauma». Gabor es un psicólogo experto en trauma al que la presentadora le cuenta una historia personal. Ella le confiesa que sufrió un abuso sexual de pequeña. En un campamento se despertó de noche con un niño más mayor abusando sexualmente de ella mientras dormía. Mel comenta que aquella situación había tenido unas consecuencias graves en su vida. Lo que llamó mi atención, y lo que trae esta historia a este libro, es que en un momento él le pregunta con quién había hablado de ese hecho, a lo que ella responde que, a pesar de sentirse muy asustada, vulnerable y confusa, no había hablado con nadie de lo sucedido.

Gabor le explica que el trauma que ella asocia a ese evento pudo empezar antes del suceso, ya que el hecho de que ella estuviese sola y no se sintiese segura contándose a nadie, también forma parte del trauma como un evento traumático inicial. No tener a nadie que le dijese que lo que le ocurrió fue horrible, la acompañase y le hiciese sentir segura y protegida pudo tener impactos severos. De hecho, Gabor añade que las personas que abusan de otras pueden detectar rápidamente a las más vulnerables al abuso, precisamente por esa falta de soporte que deja huellas en nuestra forma de relacionarnos con el resto.

Más allá del análisis del trauma en sí, que no nos ocupa en este libro y que no tiene que ver de modo directo con mi formación académica, sí me parece relevante subrayar cómo no solo nos afecta lo que nos pasa sino en qué contexto nos pasa, sobre todo en el contexto social y familiar. La reflexión en este caso es que en un entorno y un contexto seguro, también el aspecto emocional, es determinante en nuestra salud mental y física.

Obviamente resulta necesario desarrollar estrategias de gestión emocional en solitario, ya que nuestra integridad y salud no pueden depender exclusivamente de otras personas. Entender qué nos funciona para superar un estrés agudo o emociones desagradables es importante, pero si parte de esa estrategia es hablar con otra persona, recibir un abrazo o pasar tiempo de calidad haciendo una actividad con un ser querido, no es nada que debamos condenar, es algo social y adaptativo que se debe promover a nivel colectivo.

La evidencia científica ha asociado un aumento del riesgo de padecer declive cognitivo en personas con conexiones sociales pobres, mientras que la actividad social frecuente se ha relacionado con mejorar la memoria, la función ejecutiva, la velocidad de procesamiento y la habilidad visuoespacial.

Somos una especie social y la relación con otras personas es uno de los mayores estímulos para el cerebro. De hecho, una de las partes más importantes en nuestro neurodesarrollo es el contacto con los progenitores o cuidadores. Las caras, las expresiones faciales y las conversaciones son los elementos con los que se estructuran gran parte de las conexiones de nuestras neuronas. Tenemos un cerebro preparado para la interacción con otras personas, y cuando no la tenemos, ello supone un estrés con resultados negativos para la salud de las neuronas.

También tenemos cerebros predispuestos a vivir en comunidad y en grupo. De hecho, diversos estudios han encontrado beneficios a la hora de prevenir trastornos neurodegenerativos en personas que viven con gente o que refieren no tener nunca sentimientos de soledad. En dichos estudios se han visto beneficios no solo en personas casadas sino en gente que vive con una o más personas que no tienen por qué ser su familia. Es decir, vivir con amigos también podría darnos estos beneficios neuroprotectores. Con esto no quiero hacerle un lavado de cara a la precarización de la vivienda ni hacer una romantización del famoso *coliving*, ya que lo que nos empuja a compartir piso entre adultos no es la búsqueda de un vínculo sólido y un disfrute de la otra persona, sino la presión económica de no poder alquilar un piso en solitario.

Lo más interesante de los beneficios cognitivos de las redes de apoyo y de las conexiones sociales es que es una relación bidireccional: una buena red mejora nuestras capacidades cognitivas y unas buenas capacidades cognitivas mejoran nuestra red. Por el contrario, un declive cognitivo limita la calidad de las interacciones sociales, ocasionando un declive más acusado de la capacidad cognitiva de esa persona.

Y esto último nos lleva a la crudeza del envejecimiento. En cuanto el sistema nervioso padece este temido declive, dependiendo de la cultura en la que vivamos podemos vernos relegados a sentir que ya no tenemos valor para la comunidad y que la frecuencia en la que nos relacionamos con otras personas disminuye, así como la calidad de estas interacciones. El declive cognitivo en culturas como la española en ocasiones supone un declive exponencial en el que un primer peldaño de pérdida de función nos lleva a avanzar siete más de golpe.

Muchas investigaciones han estudiado cómo la sociedad en la que envejecemos afecta al declive cognitivo. En culturas de Asia, donde la figura de los abuelos tiene una gran reputación a nivel social, se ha visto que estas personas no solo pueden llegar a ser más longevas, sino que mantienen una mejor calidad de vida en las últimas etapas de su vida. La explicación que se ha encontrado es que el hecho de sentirse una parte importante de la sociedad aumenta la frecuencia de interacción con otros y la participación más en actividades y se ven más motivados a tomar decisiones beneficiosas para la salud.

En una cultura que tiene esa buena percepción de la vejez, la sociedad provee estructuras para estas personas. Hay más oferta de actividades, entornos en las ciudades adaptados a su ritmo de vida y preferencias de ocio, y todo esto supone una gran facilidad en el contexto para que personas que aparentemente ya han cumplido un papel vital en el ámbito laboral, puedan seguir contribuyendo en las redes sociales y de apoyo de la sociedad, no solo como figuras de cuidado de las nuevas generaciones, sino como una parte esencial en la red de afectos y de soporte.

Si la persona cree que puede mantener una buena calidad de vida y que le esperan años que merece la pena vivir con vitalidad es mucho más probable que cuide su dieta, su actividad física e incluso su apariencia. Todo esto repercute en una buena autoestima y percepción de uno mismo que anima más a la interacción social, haciendo justo el efecto contrario de esos peldaños de declive que mencionaba anteriormente.

En España podemos ver cómo, a pesar de tener regiones con las poblaciones más envejecidas de Europa, como en Galicia o Asturias, la percepción de estas personas a nivel social no cuenta con el mismo respeto que en Asia. No están plenamente integradas en la sociedad, sino que se diseñan espacios que los apartan, como centros cívicos, centros de día o residencias de ancianos. Otros espacios en los que encontramos frecuentemente a personas mayores son en los bares, y más a hombres que a mujeres, pues estas tradicionalmente pasan más tiempo solas en el hogar, sin hijos o familia cercana. En muchos casos estas mujeres ni siquiera han tenido una vida trabajando fuera de casa que les haya facilitado un círculo de amistades más allá de la familia. Teniendo en cuenta que la esperanza de vida de los hombres es menor que la de las mujeres, estos factores las convierten en una población más vulnerable a experimentar soledad en las últimas décadas de su vida con un declive cognitivo acelerado.

En definitiva, valernos de la ciencia para entender cómo crecer sin envejecer, sin el declive de los años en nuestro cuerpo, no vale de nada si no atendemos a los resultados de las investigaciones. Si, por ejemplo, desde Europa invertimos billones de euros de recursos públicos, como los fondos Next Generation u Horizonte Europa, en proyectos de investigación que ayuden a mejorar la salud global y el resultado final es que una farmacéutica puede comercializar tratamientos solo al alcance de unos pocos, algo no funciona. Por suerte, la prioridad de estos fondos en las próximas décadas es, además de la transición digital, una transición sostenible que debe proveer espacios saludables. Sin embargo, está en nuestras manos informarnos y asegurarnos de que se cumplen esos objetivos y de que la representación que mandamos a esas cámaras a trabajar vela por intereses colectivos.

En esa representación también debemos poner a personas que entiendan que somos una población cada vez más envejecida y que la soledad y la calidad de vida en la longevidad serán los grandes retos que hay que afrontar en las próximas décadas.

Rodéate de buenas amigas

El primer libro que quise escribir en mi vida fue para dar mi opinión sobre determinadas cosas. Siendo adolescente observé cómo las opiniones que tenía sobre la sociedad, la política o la salud en general evolucionaban con mi conocimiento sobre las cosas y sentía la necesidad de escribirlas para desarrollarlas detenidamente. No las consideraba importantes para nadie más que para mí, pero tenía la perspectiva de que esas opiniones iban a cambiar con el paso del tiempo, porque mi sed por entender el mundo me acompañaba desde pequeña y seguiría evolucionando, por lo que mis opiniones sobre todo lo que me rodeaba cambiarían con el paso de los años. Tenía la ilusión de escribir un libro por década, siempre abordando los mismos temas pero revisándolos con lo aprendido durante esos años.

Mi entusiasmo por esa idea no está alineado con mi consistencia. En lugar de hacer eso escribo diarios cuando me acuerdo, pero animo a cualquier persona con más constancia que la mía a escribir algo así, me encantaría leerlo.

Enfrento estas conclusiones con esta idea en mente porque, en este momento, me encantaría dejar congelado este libro hasta mis 80 años y escribir esta parte con la perspectiva de una vida larga a mis espaldas.

Empecé este libro cuando tenía 32 años y lo acabo con 33. Siento que no puedo arrojar una lectura interesante sobre el envejecimiento más allá de la que he podido extraer de la ciencia o de lo que han escrito otras personas. Me considero joven, demasiado joven como para entender qué es la vida o qué implica envejecer. Mucho menos puedo escribir conclusiones con consejos sobre cómo enfrentarla.

Con ánimo de valerme de la ciencia para entender qué es lo importante en una vida larga y longeva acabé en una revisión científica que analiza cómo se relacionan la espiritualidad y la longevidad. A lo largo de este libro hemos visto de qué modo factores como la genética, el estilo de vida, el acceso a la sanidad, las condiciones socioeconómicas y los factores ambientales afectan al proceso de envejecimiento y la calidad de vida. Sin embargo, en mi ánimo de tener una perspectiva cada vez más completa sentí la necesidad de incluir también la religión y la espiritualidad, pues al ser una parte tan importante de la vida y de la sociedad, ¿cómo no nos va a afectar?

Es muy complicado hacer un estudio sobre la longevidad y la espiritualidad, ya que la segunda es una cuestión subjetiva y personal. Pero sí que hay investigaciones sobre cómo las prácticas y creencias vinculadas a ciertos cultos afectan significativamente a la salud de las personas que las practican.

Algunas cuestiones son más obvias, como las religiones que tienen asociadas limitaciones en el consumo de sustancias perjudiciales como el alcohol o las que instan a prácticas de cuidar el cuerpo y la mente a través de la meditación. Pero algunos metaanálisis han encontrado factores conectados a la espiritualidad como la sensación de propósito vital asociada a algunas creencias religiosas. Además, teniendo en cuenta que el aislamiento social y la percepción de sentirse solo se han asociado con aumentos en las tasas de mortalidad de un 29 y un 26 %, respectivamente, la asistencia a cultos religiosos grupales se asoció a una disminución del riesgo de muerte, en concreto en mujeres que asisten más de una vez a la semana.

Soy una persona agnóstica. Me he criado en el catolicismo, pero no lo practico. No tengo ningún tipo de interés en practicar o promover ninguna religión, pero me resulta interesante extraer los mecanismos que pueden explicar las asociaciones que se encuentran entre la longevidad y la espiritualidad. El apoyo social, la sensación de propósito, las herramientas para gestionar el estrés y el manejo de situaciones emocionalmente complicadas son algunos de los mecanismos que la religión puede proveer a una persona.

La sociedad actual nos aparta a muchas personas de estos cultos, y si no es la sociedad, nos apartamos porque no nos encaja, sin más, pero es interesante reemplazar de forma intencionada esos mecanismos por otros.

Cuando hablamos de salud mental, no hablamos solo de ausencia de enfermedad, sino de un bienestar psicológico completo que incluye contribuir a nuestra comunidad en un porcentaje nada despreciable. Es decir, como en muchas religiones, el bienestar completo de una persona saludable se basa también en su capacidad de formar parte de la sociedad, de un grupo de personas con las que coopera y construye un bienestar colectivo. Lo que se construya entiendo que es totalmente personal y dependerá de la ambición y las preferencias de cada uno. Pero desarrollarnos en comunidad parece clave y hacerlo en una sociedad que no nos empuje al individualismo también es importante.

En un intento de acercar opiniones de otras personas, en mi cumpleaños número 33 pregunté en mis redes sociales qué consejos me darían para vivir muchos años y vivirlos felices. Pedí que la gente me dijese su edad y un consejo. Pero el sesgo de mi algoritmo me dio respuestas de personas que, como mucho, tenían 20 años más que yo.

La mayoría de los consejos no fueron enfocados a hábitos saludables, sino a cómo enfrentar la vida y los problemas. La sección de comentarios se llenó de mensajes sobre el amor y el humor, sobre cómo rodearnos de personas buenas y hacer «tribu», una palabra también muy repetida. También me devolvieron un consejo mío citándome en uno de los episodios de mi podcast *Un humano por persona*, en el que trasladé algo que siempre me pregunto ante un problema o preocupación: «¿Me va a importar esto en 5 años?». Relativizar los problemas y hacerlo con gente a la que quieres de la mano es la conclusión que saqué de mi cumpleaños.

Este final es una antesala de mis agradecimientos, que escribo escuchando «My Way» (1969), de Frank Sinatra, y releyendo esos comentarios sobre cómo vivir mucho y feliz. Esta canción que adaptó Paul Anka de la canción francesa «Comme d'habitude» es de las más versionadas de la historia y reflexiona, desde la perspectiva de un hombre mayor, sobre cómo ha vivido su vida.

Le niego la mayor a Sinatra cuando canta: *For what is a man, what has he got? | If not himself, then he has naught* (viene a decir que si un hombre no se tiene a sí mismo, no tiene nada). Se dice mucho que nacemos y morimos solos, pero creo que eso lo escribió algún hombre que no conoció la buena amistad, la que te hermana con personas con las que no compartes sangre y en las que puedes apoyarte con reciprocidad y sin condiciones. Personas con las que construyes familia y futuro en común, que te dan esa sensación de propósito y comunidad, porque son importantes para tu felicidad y tú para la suya.

Habrá quien piense que habla mi juventud, pero en esta escasa vida ha entrado y salido gente de maneras que podrían acercar esa visión de soledad perpetua y no ha sido así. Porque delante de las personas que llegan y se van, siempre ha habido una comunidad maravillosa a mi lado con la capacidad de convertir lo miserable en una oportunidad de observar lo afortunada que soy por tenerlas. Familia que te demuestra que por difícil que sea la travesía están ahí para que la lectura del problema sea que soy feliz a pesar de todo. He tenido la suerte de construir amistades en las que entendemos las dificultades del otro como propias para solucionarlas en grupo, y puede que esta suerte sea la espiritualidad que necesito.

Sinatra acierta cuando canta que sabe que fue feliz, que si lloró también amó y que todo fue a su manera. En mi caso, la manera es, y quiero que siga siendo, con el consejo más popular que me han dado: «rodéate de buenas amigas».

A nivel general, saliendo de mi maravilloso círculo de sostén, también encuentro un propósito global. Aunque suene desesperanzador pensar que la mayor parte del cómo envejecemos no está muchas veces en nuestras manos, sí pienso que podemos entender los problemas del resto como propios y que tenemos responsabilidad en el bien de la sociedad. La colectivización y la defensa de la salud global por delante de lo individual será la manera de alcanzar una sociedad que crezca sin envejecer.

BIBLIOGRAFÍA

Aiello, A., Farzaneh, F., Candore, G., Caruso, C., Davinelli, S., Gambino, C. M., Ligotti, M. E., Zareian, N., & Accardi, G. (2019). Immunosenescence and its hallmarks: How to oppose aging strategically? A review of potential options for therapeutic intervention. In *Frontiers in Immunology* (Vol. 10, Issue SEP). https://doi.org/10.3389/fimmu.2019.02247

Antuña, E., Cachán-Vega, C., Bermejo-Millo, J. C., Potes, Y., Caballero, B., Vega-Naredo, I., Coto-Montes, A., & Garcia-Gonzalez, C. (2022). Inflammaging: Implications in Sarcopenia. In *International Journal of Molecular Sciences* (Vol. 23, Issue 23). MDPI. https://doi.org/10.3390/ijms232315039

Dominguez, L. J., Veronese, N., & Barbagallo, M. (2024). The link between spirituality and longevity. In *Aging Clinical and Experimental Research* (Vol. 36, Issue 1). https://doi.org/10.1007/s40520-023-02684-5

Fulop, T., Larbi, A., Dupuis, G., Page, A. le, Frost, E. H., Cohen, A. A., Witkowski, J. M., & Franceschi, C. (2018). Immunosenescence and inflamm-aging as two sides of the same coin: Friends or Foes? In *Frontiers in Immunology* (Vol. 8, Issue JAN). https://doi.org/10.3389/fimmu.2017.01960

Giustina, A., Bouillon, R., Dawson-Hughes, B., Ebeling, P. R., Lazaretti-Castro, M., Lips, P., Marcocci, C., & Bilezikian, J. P. (2023). Vitamin D in the older population: a consensus statement. In *Endocrine* (Vol. 79, Issue 1). https://doi.org/10.1007/s12020-022-03208-3

Guan, L. L., Lim, H. W., & Mohammad, T. F. (2021). Sunscreens and Photoaging: A Review of Current Literature. In *American Journal of Clinical Dermatology* (Vol. 22, Issue 6). https://doi.org/10.1007/s40257-021-00632-5

Imai, S. I. (2009). The NAD world: A new systemic regulatory network for metabolism and aaging-Sirt1, systemic NAD biosynthesis, and their importance. *Cell Biochemistry and Biophysics*, 53(2). https://doi.org/10.1007/s12013-008-9041-4

Imai, S. I. (2016). The NAD world 2.0: The importance of the inter-tissue communication mediated by NAMPT/NAD+/SIRT1 in mammalian aging and longevity control. In *npj Systems Biology and Applications* (Vol. 2). https://doi.org/10.1038/npjsba.2016.18

Kang, H. Y., Lee, J. W., Papaccio, F., Bellei, B., & Picardo, M. (2021). Alterations of the pigmentation system in the aging process. In *Pigment Cell and Melanoma Research* (Vol. 34, Issue 4). https://doi.org/10.1111/pcmr.12994

Kenneth J. O'Riordan, Gerard M. Moloney, Lily Keane, Gerard Clarke and John F. Cryan. (2025). The gut microbiota-immune-brain axis: Therapeutic implications. In *Cell Reports Medicine* 6, 101982. https://doi.org/10.1016/j.xcrm.2025.101982

Krutmann, J., Schalka, S., Watson, R. E. B., Wei, L., & Morita, A. (2021). Daily photoprotection to prevent photoaging. In *Photodermatology Photoimmunology and Photomedicine* (Vol. 37, Issue 6). https://doi.org/10.1111/phpp.12688

Kumari, J., Das, K., Babaei, M., Rokni, G. R., & Goldust, M. (2023). The impact of blue light and digital screens on the skin. In *Journal of Cosmetic Dermatology* (Vol. 22, Issue 4). https://doi.org/10.1111/jocd.15576

Kyohei Tokizane and Shin-ichiro Imai (2025). Inter-organ communication is a critical machinery to regulate metabolism and aging. In *Trends in Endocrinology and Metabolism*. https://doi.org/10.1016/j.tem.2024.11.013

Kyrou, I., Tsigos, C., Mavrogianni, C., Cardon, G., van Stappen, V., Latomme, J., Kivelä, J., Wikström, K., Tsochev, K., Nanasi, A., Semanova, C., Mateo-Gallego, R., Lamiquiz-Moneo, I., Dafoulas, G., Timpel, P., Schwarz, P. E. H., Iotova, V., Tankova, T., Makrilakis, K.,

& Manios, Y. (2020). Sociodemographic and lifestyle-related risk factors for identifying vulnerable groups for type 2 diabetes: A narrative review with emphasis on data from Europe. In BMC *Endocrine Disorders* (Vol. 20). https://doi.org/10.1186/s12902-019-0463-3.

Miquel, S., Champ, C., Day, J., Aarts, E., Bahr, B. A., Bakker, M., Bánáti, D., Calabrese, V., Cederholm, T., Cryan, J., Dye, L., Farrimond, J. A., Korosi, A., Layé, S., Maudsley, S., Milenkovic, D., Mohajeri, M. H., Sijben, J., Solomon, A., ... Geurts, L. (2018). Poor cognitive ageing: Vulnerabilities, mechanisms and the impact of nutritional interventions. In *Ageing Research Reviews* (Vol. 42). https://doi.org/10.1016/j. arr.2017.12.004

Pavlova, N. N., Zhu, J., & Thompson, C. B. (2022). The hallmarks of cancer metabolism: Still emerging. In *Cell Metabolism* (Vol. 34, Issue 3). https://doi.org/10.1016/j.cmet.2022.01.007

Peters, A., Nawrot, T. S., & Baccarelli, A. A. (2021). Hallmarks of environmental insults. In *Cell* (Vol. 184, Issue 6). https://doi.org/10.1016/j. cell.2021.01.043

Qin, W., & Townsend, A. L. (2017). HEALTHY LIFESTYLE HABITS AND HEALTH-RELATED QUALITY OF LIFE AMONG OLDER ADULTS WITH DIABETES. *Innovation in Aging*, 1(suppl_1). https:// doi.org/10.1093/geroni/igx004.1145

Samtani, S., Mahalingam, G., Lam, B. C. P., Lipnicki, D. M., Lima-Costa, M. F., Blay, S. L., Castro-Costa, E., Shifu, X., Guerchet, M., Preux, P. M., Gbessemehlan, A., Skoog, I., Najar, J., Rydberg Sterner, T., Scarmeas, N., Kim, K. W., Riedel-Heller, S., Röhr, S., Pabst, A., ... Brodaty, H. (2022). Associations between social connections and cognition: a global collaborative individual participant data meta-analysis. *The Lancet Healthy Longevity*, 3(11). https://doi.org/10.1016/ S2666-7568(22)00199-4

Sartori, R., Romanello, V., & Sandri, M. (2021). Mechanisms of muscle atrophy and hypertrophy: implications in health and disease. In *Nature Communications* (Vol. 12, Issue 1). https://doi.org/10.1038/ s41467-020-20123-1

Sharma, G., Biswas, S. S., Mishra, J., Navik, U., Kandimalla, R., Reddy, P. H., Bhatti, G. K., & Bhatti, J. S. (2023). Gut microbiota dysbiosis and Huntington's disease: Exploring the gut-brain axis and novel microbiota-based interventions. In *Life Sciences* (Vol. 328). https://doi.org/10.1016/j.lfs.2023.121882

Shin-ichiro Imai (2025). NAD World 3.0.: the importance of the NMN transporter and eNAMPT in mammalian aging and longevity control. In *NPJ Aging* (11:4) Nature. https://doi.org/10.1038/s41514-025-00192-6

Tsukasaki, M., & Takayanagi, H. (2019). Osteoimmunology: evolving concepts in bone–immune interactions in health and disease. In *Nature Reviews Immunology* (Vol. 19, Issue 10). https://doi.org/10.1038/s41577-019-0178-8

Wang, K., Liu, H., Hu, Q., Wang, L., Liu, J., Zheng, Z., Zhang, W., Ren, J., Zhu, F., & Liu, G. H. (2022). Epigenetic regulation of aging: implications for interventions of aging and diseases. In Signal Transduction and *Targeted Therapy* (Vol. 7, Issue 1). Springer Nature. https://doi.org/10.1038/s41392-022-01211-8

Xingxing Yuan, Serge Yannick Ouedraogo, Modou Lamin Jammeh, Lucette Simbiliyabo, John Nute Jabang, Mariam Jaw, Alansana Darboe, Yurong Tan, Ousman Bajinka (2025). Can microbiota gut-brain axis reverse neurodegenerative disorders in human? in *Ageing research reviews*. 104 https://doi.org/10.1016/j.arr.2025.102664

AGRADECIMIENTOS

El proceso de escritura de este libro ha estado lleno de agradecimientos constantes a todas las personas que me han sostenido para que pudiese escribir. Estas páginas han sido redactadas en varios códigos postales de mi ciudad, A Coruña. En algunos, las facturas estaban a nombre de Tamara Pazos; en otros, a nombre de amigos como Mariña y Álvaro o a nombre de la Universidad de A Coruña, donde trabajo. Son varios los hogares que he tenido en los últimos meses y en todos el factor que ha convertido en hogar el entorno en el que escribí han sido las personas que me rodeaban.

Los compañeros y compañeras del CICA (Centro Interdisciplinar de Química y Biología) han sido mi hogar y apoyo cada día. Porque sí, el trabajo puede ser casa si tienes las personas adecuadas alrededor, y en la Universidad de A Coruña cuento con un ejército de una calidad humana inigualable. Así que empiezo mi agradecimiento por ellos y continúo por los de siempre, por la familia que tengo desde que nací y la que conseguí en estos años. La familia que me recoge, me acompaña y me ayuda a construir otro nido, porque no importa dónde escriba si escribo con ellos.

Por último, quiero agradecer el apoyo de dos personas fundamentales en este libro, Sergi y Julia. Sergi Soliva, mi editor, me acompaña desde el primer libro demostrando en repetidas ocasiones que la editorial puede amoldarse a mis necesidades y a mi salud, y no al revés. Lo que me demuestra que divulgo sobre salud de la mano de la persona adecuada. Julia Abalde, la mujer que ha ilustrado este libro y el anterior, da alma, con su talento y humor, no solo al texto, sino al proceso de escritura siendo también una amiga.

No dejo escapar la oportunidad de agradecer a mi hermana Iria y a mi cuñado Gael la grandísima idea de traer al mundo a mi ahijado Xocas, que solo con existir me ha hecho descubrir nuevas dimensiones de querer.

A pesar de que acabe los libros no queriendo escribir nunca más, si vuelvo a recaer, será gracias a (o por culpa de) estas maravillosas personas.

Por último, quiero un pequeño momento al más puro estilo Snoop Dogg para agradecerme a mí misma la determinación de sacar adelante este proyecto. Con este libro me llevo un aprendizaje más: el de aplicar la paciencia y la comprensión que tengo para los demás en mí misma; desde luego, se agradece.